谨以此书献给我的父亲范凯熹，

感谢他在我成长中给予的一切！

从 From
无限 Universality of
运算力 Computation
到 to
无限 Universality of
想象力 Imagination

设计 A Catalog on
人工智能 Design &
概览 Artificial Intelligence

范凌 Fan Ling
著

同济大学出版社 中国·上海
Tongji University Press

在没有电梯之前，绝大多数人高度的限制是 6 层楼。把人从 6 层送到 100 层以上，应该是机器（电梯）的工作；在 100 层楼的时候，我们的眼界如果还和在 6 层楼时一样，那就是人的问题了！

摩尔定律是机器运算能力指数提升的索引，发展到现在，机器已经具有学习和认知的能力，可以替代人做简单、重复的工作。而创造、感性、同理、交往这些人类的品质，虽然不能也不应该被机器替代，但机器智能还是会对其产生影响。如果说人类的创造边界是自身的知识、经验和方法，机器是否可以帮助我们突破自身的知识、经验和方法呢？

从 2017 年开始，我每年撰写一篇设计人工智能报告，汇集设计中人工智能的研究、案例和观点。选择以“概览”作为 2017—2019 年三篇设计人工智能报告的汇总，就知道本书延续了《全球概览》的精神。“Stay hungry, stay foolish!”这本书将充满“好奇”，探索机器智能将如何释放人的创造力，捕捉广义设计（观念实践、应用、工具、方法等）和广义人工智能（观念、批判、技术、政策、伦理等）之间的集合的可能性。这本书将充满“集体智慧”，把同路人（设计人工智能网络）在不同领域、维度、地域的探索聚集一处。

无限的运算力是否也能带来无限的想象力呢？以书这种人类知识的物质形态，在人的创造与机器智能之间建立更多元、包容的关系，让我们共同进化。

范 凌

2019.03

团队

报告负责：范凌

报告团队：陈烁、龚淑宇、杨一田、林昱宏、李与凡、万轩、卓京港

研究机构：同济大学特赞设计人工智能实验室

以往团队：梁明、燕晓宇、刘益红、鲍壹方、李想、冯夏影、顾泽良、

魏启龙、尹青

海外团队：日文：李元杰、Usukura Sumire、Toya Satoru

(BizReach, Inc. Design Committee)

英文：Lucy Chen (Minerva)、Alyssa Dayan (Uber)、

Joanne Jia (Berkeley)、May Wang (Tencent)、

Ru Ge (Adobe)、Tina He (Cornell)、Wenjia Hu (Lawrence)、

Yanyan Tong (Stanford)

特别鸣谢：

- 同济大学设计创意学院
- 深圳创想公益基金会
- 娄永琪（同济大学）
- 王敏（中国美术学院）
- John Maeda (Automattic)
- 梁明（同济大学，中央美术学院）
- 范凯熹（中国美术学院）
- 秦蕾（光明城 / 群岛工作室）
- 王坚（阿里巴巴 /2050 大会）
- 世界经济论坛
- IEEE Council for Extended Intelligence
- 阿里巴巴设计委员会
- 回复问卷的设计师、企业家、学者、学生、工程师等
- 特赞 Tezign.com 信息科技的所有同事，尤其是在设计人工智能研发和业务第一线的伙伴们

目录

01 数字经济下的设计

DESIGN IN DIGITAL ECONOMY

- 数字技术的摩尔定律带来扩张的零边际成本和接近无限的运算能力。
- 人工智能带来了数字社会中矛盾性和复杂性的讨论，引发新的范式（延展智能作为一种新的范式）。
- 数字经济从以消费为中心的关注力经济转向以生产为中心的创造力经济。
- 数字设计的挑战是如何利用机器学习，进行大规模个人化设计。

数字经济、数字社会、数字政府 @ 中国

“ 世界经济加速向以网络信息技术产业为重要内容的经济活动转变。我们要把握这一历史契机，以信息化培育新动能，用新动能推动新发展。要加大投入，加强信息基础设施建设，推动互联网和实体经济深度融合，加快传统产业数字化、智能化，做大做强数字经济，拓展经济发展新空间。

——习近平

来源：乌镇世界互联网大会 / 世界人工智能大会

? /

设计如何接入数字经济、数字社会和数字政府?

数字技术 ／ 非线性的“可能性空间”*

* 人类历史经历了三个非线性发展的“可能性空间”阶段：第一个阶段是农业技术的发明，在空间上增加了食物的密度，让人类有超过生存需求的食物供给，人口数量和密度随之增加，产生了社会的属性（如等级和分工）；第二个阶段是启蒙运动和工业革命用机械、物理、化学产生了超越赤手空拳的生产力。工业技术通过能源、制造、交通和交流的创新，让人类社会产生了飞跃式的物质发展。数字技术则提供了第三个“可能性空间”的巨大扩张。

零边际成本

Zero Marginal Cost

互联网上的信息可以通过数据的形式，在不需要额外成本的情况下被调用。随着互联网作为基础设施的覆盖面越来越广，网络连接最终会变为世界连接。网络里的任何一个终端都通过网络在云端相连。数字经济在互联网这个基础设施上，拷贝、传输的边际成本都为零。

无限的运算力

Universality of Computation

算力过去是个体能力——要么属于个人大脑，要么通过一台计算机。摩尔定律让个体算力指数提升;云计算把个体算力集合,随着集合扩大,算力指数级提升。算力成为可以按时、按需、按量进行调用的资源，任何个体都可以和巨无霸具有同样的运算能力。

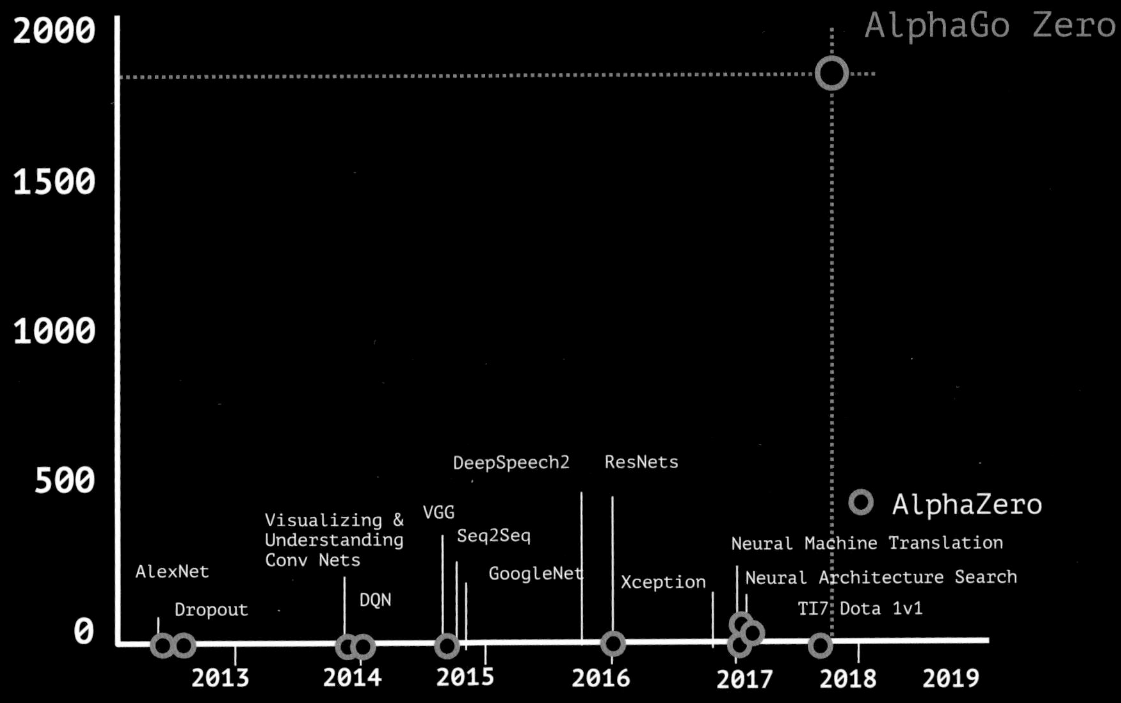

从 2012 年至今，AlexNet 到 AlphaGo Zero，30 万倍的运算力提升，
每 3.5 个月翻一倍（摩尔定律是每 18 个月翻一倍）——OpenAI

数字社会 / 启蒙*的终结

启蒙（Enlightenment）取代了蒙昧，人类可以对经验证据进行解释，A 引发了 B，B 引发了 C……因果关系推动了人类的科学认知。

How the Enlightenment Ends

Philosophically, intellectually—in every way—human society is unprepared for the rise of artificial intelligence.

基辛格（美国前国务卿）

《启蒙如何终结》

“ 启蒙运动从根本上来说是由新技术出现所导致的人们对我们这个世界在哲学层面的理解所发生的变化。而我们当下的时代与启蒙时期相比，在技术进步和哲学思考的互相作用方向上是相反的。我们一直在寻求一种指导性的、纲领性的哲学，而在寻求这种哲学的过程中，我们却创造出了一种很可能将主导一切的技术。

01/

人工智能可能为我们带来意想不到的后果。

02/

在实现既定目标的过程中，人工智能可能会改变人类的思维方式和价值观。

03/

人工智能有能力实现它被赋予的既定目标，但人工智能无法解释它实现目标过程背后的基本原理。

04/

“人工智能”这个词可能用得并不恰当。

数字社会 / 纠缠*的涌现

一个因不止产生一个果。我们正经历着文化和范式的巨变，从“启蒙时代”向“纠缠时代”（Entanglement）——复杂的系统，无法分清因果。

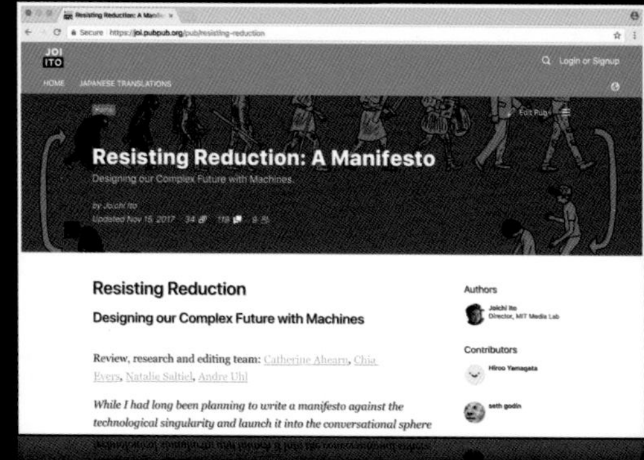

伊藤穰一

《抵抗简化宣言：和机器一起设计复杂未来》

> 我们不应从人 vs. 机器的角度理解机器智能，而应该从人与机器整合的角度理解——不是人工智能（A.I.）而是延展智能（X.I.）。我们不应该控制、设计甚至理解系统，更重要的是设计一个可以负责任、有意识和积极参与的系统。我们不需追问我们作为设计师的目的和情绪，以更谦卑的方式接入系统：谦卑超越控制。

IEEE
IEEE STANDARDS ASSOCIATION

国际电子电气协会（IEEE）和MIT媒体实验室（Media Lab）共同成立了“延展智能协会🔗”，推动对于机器智能的新思考框架。

人工智能 A.I. 	延展智能 X.I. 
奇点主义 / 解决问题主义	复杂适应性系统
人 VS. 机器	人 + 机器
单一对象	系统
控制 / 设计 / 理解	谦卑 参与

数字经济 / 供给：关注力经济* → 创造力经济

* 关注力经济（Attention Economy）：用户的关注度是资源。阿里巴巴、腾讯、今日头条、Google、Facebook、Netflix 等公司都是依赖于将用户的关注进行变现。

“ Q：奈飞（Netflix）最大的竞争对手是谁？
A：睡眠！

Reed Hastings
CEO，NETFLIX

“ 我们做数据的越来越发现，未来会从基于消费的关注力经济，转向基于生产的创造力经济。互联网公司提升用户关注度的所有数据优化举措，都是从 95 分往接近 100 分优化的过程，已经越来越困难，成本越来越高了。

Lu Wang
SNAP 数据负责人，前 GOOGLE、FACEBOOK 数据科学家

来源：Reed Hastings（Netflix）/ Joseph Reisinger（Facet.AI）/ Lu Wang（Snap）

? /

为什么从“关注力”→“创造力”

? /

大规模 + 个体最优的设计挑战是什么?

设计连接文化和物质

如何让设计在数字经济时代实现“大规模 * 的个性化”？

设计平衡功能与形式

如何持续跟踪用户反馈，让机器学习贯穿整个设计和使用过程?

工业时代 Industrial Age		数字时代 Digital Age
生产效率	→	消费效率
供给为中心	→	需求为中心
机械化 / 自动化 / 标准化	→	数据 / 智能 / 网络 / 运算
少就是多	→	千人千面 / 大规模个人化
集体最优	→	个体最优

数字经济 / 贸易：货物全球化 → 能力全球化

互联网发展经历了从信息（如：门户网站）、关系（如：社交网络）到物（如：IoT）的线上化，数据、协议（如 TCP/IP 协议等）就像百年前统一工业零件的标准那样，让生产、组装、传输工业品变为一个全球化的行为。人工智能的发展，让大规模语言实时翻译、知识的数据沉淀、能力的即时记录等问题的解决都成为可能。新全球化贸易将从“生产的东西（what we make）”转变为“做的服务（what we do）”。

> “全球化的未来会关于我们做事情的能力，而不只是货物。
>
> Richard Baldwin
> THE GLOBOTICS UPHEAVAL

? /

如果现在的基础设施是为了贸易货物的全球化（如物流、仓储、关税、电商等），那么未来贸易能力的基础设施会是怎么样的？贸易设计创意能力的基础设施会是怎么样的？

来源：Richard Baldwin

Globotics = Globalization + Robotics

全球化 Globalization	+	机器人 Robotics
远程智能		人工智能
RI (Remote Intel.)		AI (Artificial Intel.)
自由职业 / 按需工作		白领机器人（翻译、分析等）
经济规模：$25 万亿 / 年		经济规模：$10 万亿 / 年

数字设计 vs. 经典设计

数字设计是在数字经济、数字社会下的设计新范式，必然会对设计师的教育培养体系、工作职级体系产生影响。有些学校和企业已经开始进行尝试。CHTS 模型是针对数字设计的一个培养模型建议。

> “经典设计师和运算设计师，这两类设计师完全不同。
>
> John Maeda（Automattic）
>
> Design in Tech Report 2018

	数字设计	经典设计 
用户数量	○ 千万上亿	• 成千上万
实施周期	○ 通过网络即时交付	• 多渠道 / 长决策：数周 ~ 数年
结果导向	○ 迭代 / 分叉 / 反馈	• 追求完美，最终状态
设计自信	○ 有优先级，鼓励迭代	• 非常自信，英雄主义
生产资料	○ 非物质资料：数据 / 模型 / 算法	• 物质资料：纸 / 木 / 金属
结果呈现	○ 大规模个性化	• 千篇一律
ROI/KPI	○ 直接对企业核心KPI负责	•（好）设计是难以衡量的

数字设计师培养模型：CHTS = C 创意 × H 人文 × T 技术 × S 系统

来源：同济大学人工智能与数据设计专业

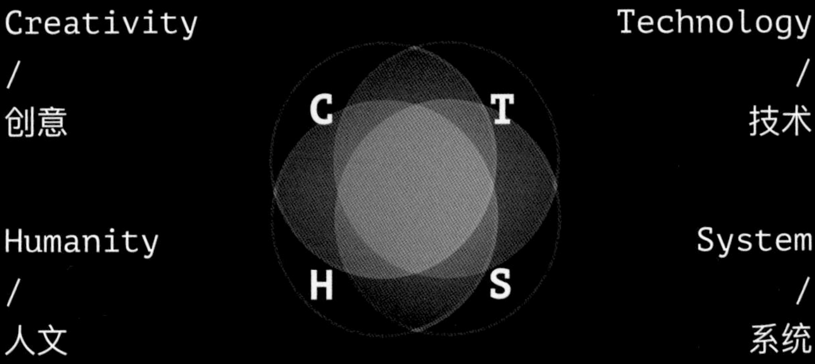

数字设计师工作模型：

来源：阿里巴巴设计委员会

- 创意型设计师 = C x H：让设计回到创意的根本
- 探索型设计师 = C x T：让设计与技术 / 数据结合
- 系统型设计师 = H x S：让设计从系统体验去思考

数字设计 / 设计人工智能的观点

2017/
人工智能
与设计未来

01.
设计师
核心竞争力

02.
人工智能
设计新疆域

03.
脑机比
人机共同进化

04.
让机器
理解创造

05.
需求的
极度细分

06.
设计的
三个维度

07.
在线/
连接/交互

08.
人/机交互
新组织

09.
让机器分析
不确定性

10.
让机器
设计

来源：2017 / 2018 设计人工智能实验室（http://sheji.ai）

2018/

设计智能

与运算智能

01.
机器智能可“创造”
人类智能可运算

02.
城市与空间

03.
社会设计与
人工智能

04.
使用人工智能
的主观意愿

05.
经典设计vs
运算智能设计

06.
智能产品

07.
从大数据到
非结构化数据

08.
大规模个性化

09.
设计与数字工具

10.
商业逻辑和设计
逻辑的映射和迁移

02 设计（智能）^{2} 商业

DESIGN INTELLIGENCE & INTELLIGENT BUSINESS

- 设计连接商业中作为产品的“端”的体验和作为平台的“云”的数据。
- 设计接入数字经济，通过数据产生独特的体验。通过数据优化验证设计的商业价值，并衡量投入产出比（ROI）。
- 设计变为数据资源，并把设计—生产—消费的闭环打通。
- 设计产生数据智能，解决设计在不同场景下“量”和“质”的问题。

设计连接“端”的体验和“云”的数据

经典设计只关心“端”的设计，把设计当作一个物体；而数字设计则还需要关心“云”。为 1000 万个个体而做的、个性化的设计，即为 1000 万的设计；为一个集体而做的、一视同仁的设计，即为 1 的设计。

1

体验

端

“端” = 产品

是与用户完成个性化、实时、海量、低成本互动的端口，它不仅直接完成用户体验，同时使数据记录和用户反馈闭环得以发生。

来源：曾鸣，《智能商业》/ 设计（智能）² 商业课，同济大学

数字设计一边是代表个体的端，另一边是代表整体的云。同济大学特赞设计人工智能实验室就是研究连接“端”和“云”的设计范式。

实验室的使命是：1)设计接入数字经济；2)设计成为数据资源；3)设计产生机器智能。

10,000,000

“云” = 平台

数据聚合、算法计算的平台，它通过算法优化，更好地揣摩用户需求、提升用户体验。

设计接入数字经济_1：数据产生体验

以两个在体验上截然不同的书店为例，用户数据可以产生截然不同的体验：茑屋书店包罗万象，包含1~2 万个 SKU，包括图书、家电、大米等，其定位是一个生活方式的全提案品牌；森冈书店全店只有一个SKU，一周只卖一本书，主张“一册一室”，没有任何多余信息。

∞ → 1

通过对**复杂数据**的人为解读，
设计最好的体验

森冈书店

组建“搜索”团队，深度阅读书籍，选出用户“可能最感兴趣的书籍”或是“最值得推荐给用户的书籍”。

来源：设计（智能）[2] 商业课，同济大学

数据

通过对**大数据**的分析，
满足各种体验需求

蔦屋书店

会员数据系统拥有 6000 万名用户，包含 300 种参数，通过多样化的数据记录分解消费，理解消费者需求

销售 / 转化率

企业知名度

产品竞争力

来源：McKinsey Design Index / 同济大学特赞设计人工智能实验室

长期：价值 + 增长

咨询公司麦肯锡 2018 年统计表明：过去 10 年，设计导向的上市企业投资回报是标准普尔 500 指数的 219%。

—— 设计价值指数

—— 标准普尔 500 指数

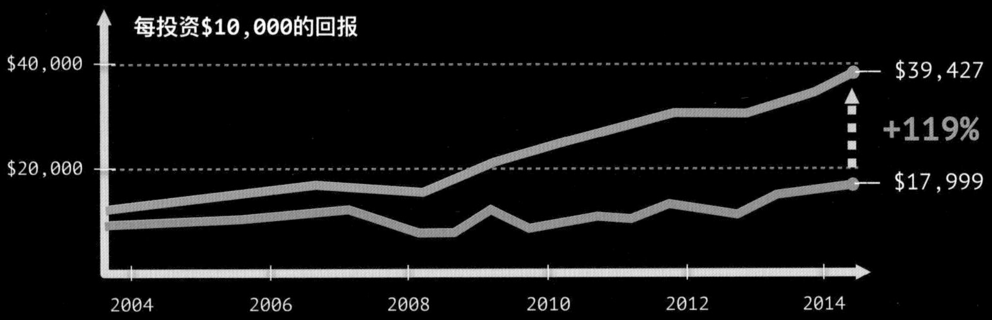

设计接入数字经济_3：大规模个性化

消费者有了指数级增长的内容（包括：资讯、广告、商品、服务、体验、空间等）需要关注，越个性化的内容，越容易获得关注。因此，企业的挑战是如何大规模地产生个性化的内容。

推荐_个性化内容：

数据改变触达用户的效

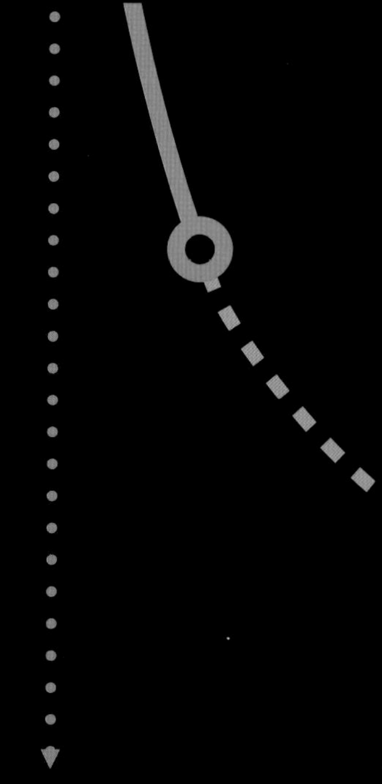

创造_个性化内容：

数据改变内容的创造

关注力经济

Attention Economy

联合利华：

以“有规模的个性化需求满足”

为公司三年的核心战略

支付宝：

通过人工智能，

用百万海报赋能百万小商家

创造力经济

Creation Economy

设计变为数据资源_1：大数据和非结构数据

让设计业务沉淀为数据资源，需要对作为结果的设计内容和作为过程的设计规则进行结构化处理。让设计内容可分类，设计规则可计算。

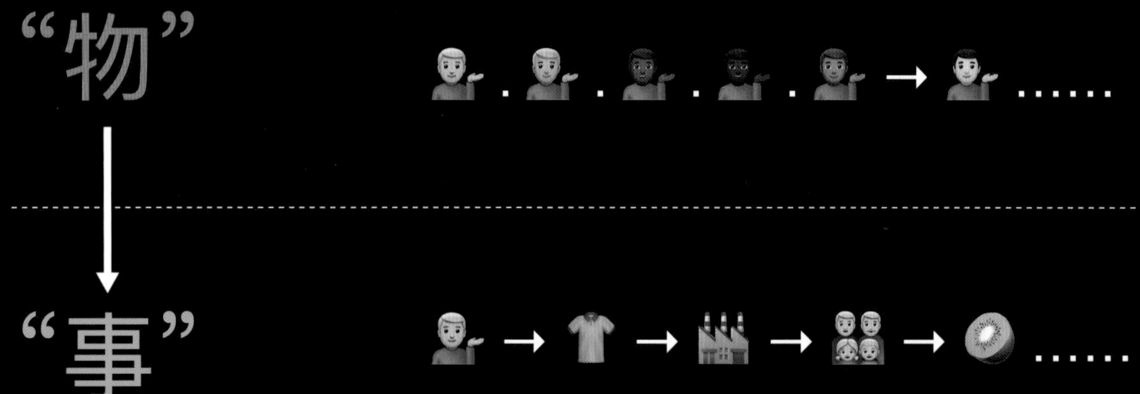

来源：柳冠中，《设计事理学》/ 世界经济论坛，《创意颠覆报告》

大数据：数量

- 设计数据 1、2、3、4、5 ……

人工智能生成网页、人工智能生成Logo、人工智能生成海报、人工智能生成视频、人工智能生成名片……

非结构数据：多样

- 客户数据
- 行业数据
- 消费者数据
- 设计数据
- 设计师数据
- 社会数据

……

89%

设计创意数据为非结构性数据

来源：阿里巴巴设计委员会

设计变为数据资源_2:数据形成消费—设计—生产闭环

数字经济带来的柔性供应链让“消费—设计—生产”成为一个完整的闭环。设计一方面成为数据资源，另一方面调用数据资源，从而通过数据，让消费—设计—生产可以成为一个闭环，让需求数据—设计数据—供给数据之间形成流动。

淘宝心选

淘宝心选:

C2B：大数据与用户参与的精准开发

B2M：供应链上云的智慧生产

B2C：货找人的全渠道新零售

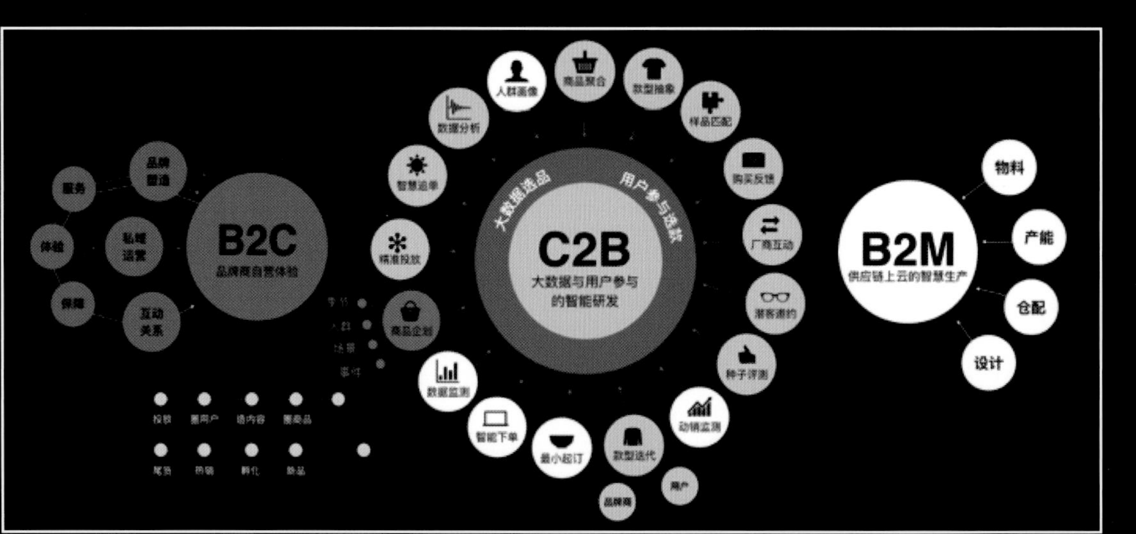

淘宝心选“ 同心系统”：

以淘宝上的大量消费、评价数据决策驱动，用数据为设计和制造赋能，实现按需供给。

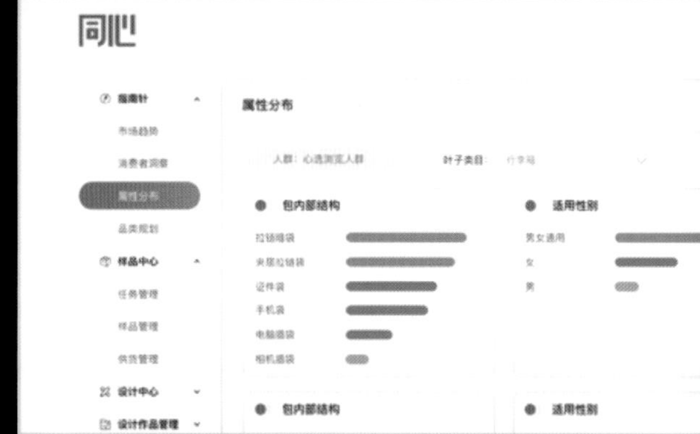

淘宝心选拉杆箱：

同心系统总结了拉杆箱在消费端最被关注的问题分别是：坚固、轮子没有声音、26 寸的大小。同心系统让设计师可以在数据智能平台上进行专注的新创造。

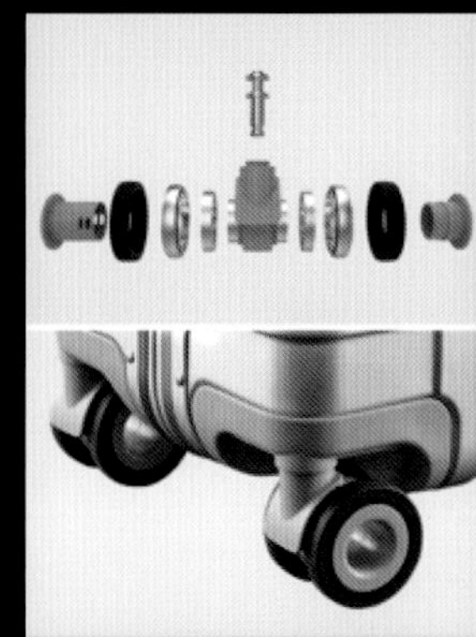

设计变为数据资源_3：过程到数据

只有变为数据，才能形成资源。企业在需求侧增长放缓的情况下，开始关注供给侧的数据化。以联合利华为例，品牌和产品构成了企业的核心资产；如何更有效地对新消费者传达品牌价值?如何更敏捷地进行产品创新？联合利华在 2019 年建构了供给侧的数据资源操作系统，包括：unidam 系统——管理品牌传达的数据资源，unovation 系统——管理产品创新的数据资源。

王坚（阿里巴巴集团技术委员会主席）

在线

“在线三定律”作为数据经济的基础：

1.每一个比特都在互联网上

2.每个比特都可以在互联网上流动

3.比特代表的每个对象在互联网上都可计算

品牌:新营销

BRAND: New Way of Marketing

传达 / Communication

如何把品牌有效地传达给年轻消费者?

UNIDAM:

- 营销供应商数据管理
- 营销内容数据管理

产品:敏捷创新

PRODUCT: Agile Innovation

生产 / Manufacture

如何用更敏捷、快速的方式让新产品面世?

UNOVATION:

- 产品创新数据管理
- 产品供应商数据管理

设计产生机器智能_1：挑战

基于规则的人工智能无法实现设计在创造、确定性、形式内容上的能力。

创造

“

我试图创造艺术，但能不能成为艺术不取决于我，得听天由命。

I try to create art, whether I make it or not is not up to me, it's up to God.

Paul Rand

奥托·李林达尔的类鸟飞机

规则 | RULE

传统的人工智能研究观念

设计 design

数据 datafication

建模 model

来源：Paul Rand / Milton Glaser / Jeff Hinton

确定性 / 不确定性

“ 设计是关于消除可能性和自由度的。

Design is about eliminating possibilities and degrees of freedom.

Milton Glaser

形式 / 内容

“ 设计是将形式和内容放在一起的方法。

Design is the method of putting form and content together.

Paul Rand

设计产生机器智能_2：实践

通过对设计数据的积累和结构化，产生人工智能。一方面解决设计的生成问题，如电商场景的创意素材生成；另一方面解决设计的质量问题，如对于创意内容的检测、标注、监控等。

阿里巴巴_“鹿班”系统：

“鹿班”是第一个设计的人工智能应用，聚焦阿里商家线上经营过程中的设计需求，在电商场景下打通设计生产与投放闭环，让设计从“美化问题”转变为“经营问题”。

8000

张海报 / 秒

100%+

提高点击转化率

来源：阿里巴巴“鹿班”/ 特赞 x 碧桂园“月行”

特赞_碧桂园“月行”系统：

“月行”系统是特赞为碧桂园集团开发的人机协同设计人工智能系统，可以用人机协同的方式通过设计的“图灵测试”，实现相对大数量/高质量/线下的设计创意素材生成。

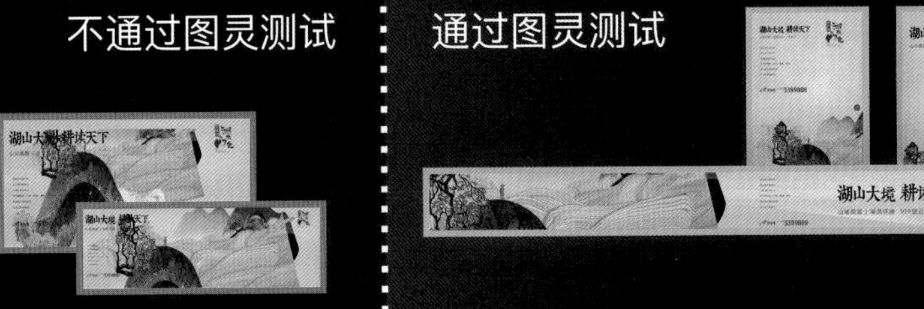

03 数据 × 运算 = 无限想象

DATA X COMPUTATION = UNIVERSALITY OF IMAGINATION

- 设计中的数据和运算有很长的历史，并不断进行迭代延伸。设计人工智能是这个历史的最新一页。
- 设计逻辑转变为运算逻辑，并通过运算逻辑与商业逻辑进行映射。
- 教机器设计的第一手前线资料，要对机器说明白业务、设计系统、视觉和经验。
- 通过技能的民主，人的想象力是被释放，还是因为数据的垄断，人的想象力被约束?

设计中的数据 + 运算

数据和运算在设计领域并不是一个新话题，每一次数据、运算的进步，都伴随着设计范式的演进。很多现在被实现的创新，都是历史上那些有远见的人思考的未来。

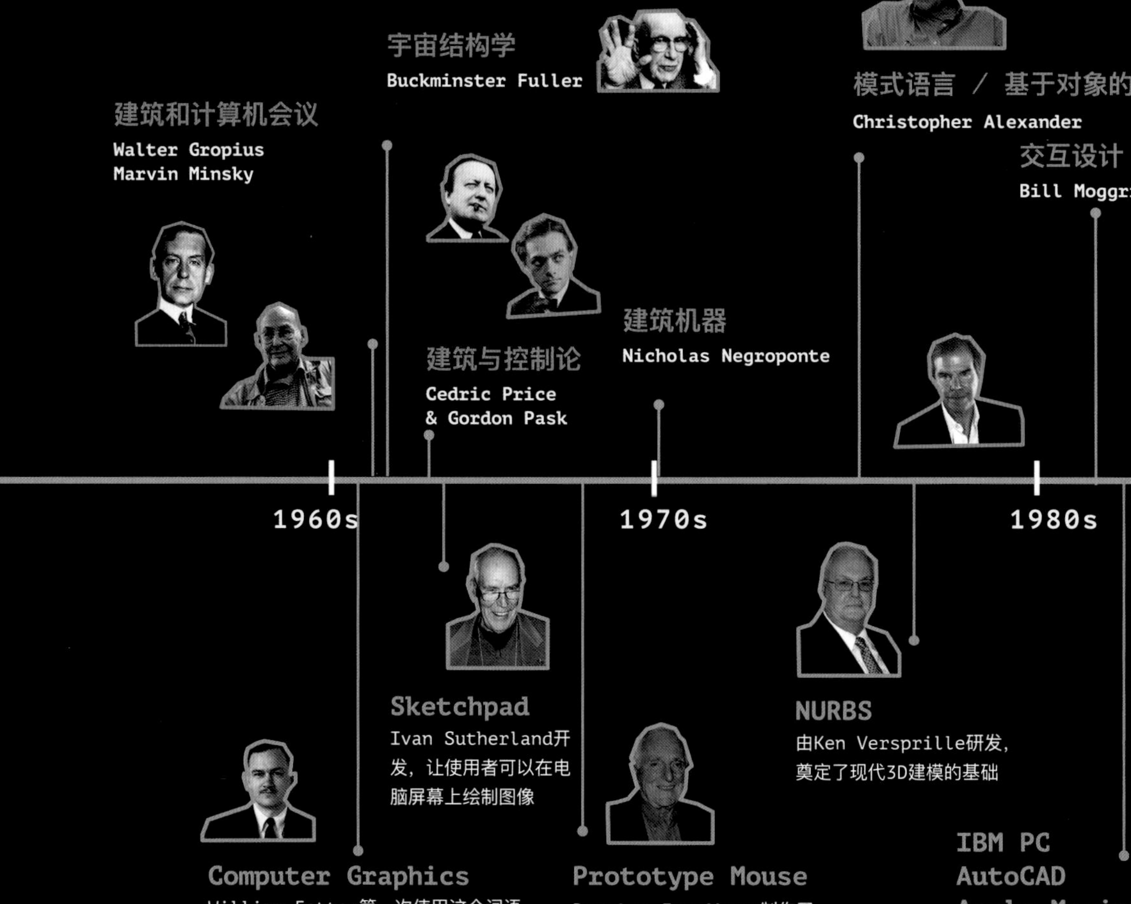

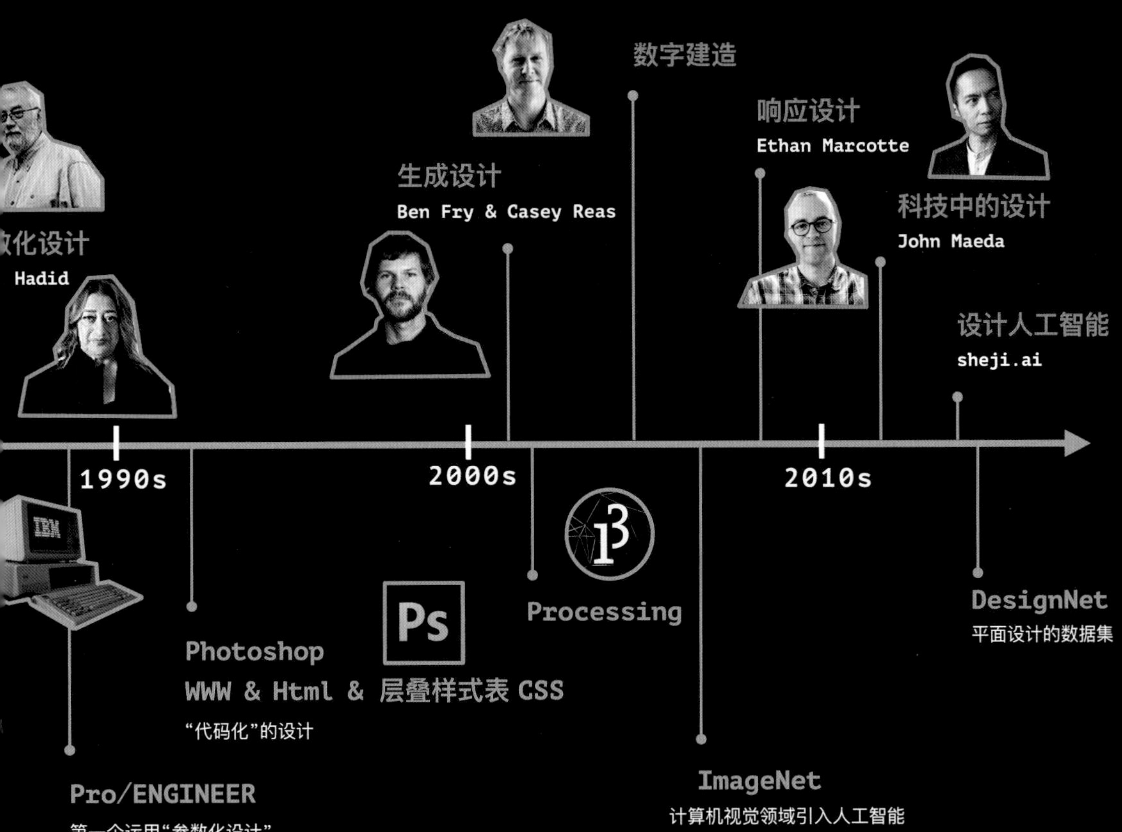

数字建造
响应设计
Ethan Marcotte
生成设计
Ben Fry & Casey Reas
科技中的设计
John Maeda
化设计
Hadid
设计人工智能
sheji.ai
1990s
2000s
2010s
IBM
Ps
Processing
DesignNet
平面设计的数据集
Photoshop
WWW & Html & 层叠样式表 CSS
“代码化”的设计
ImageNet
计算机视觉领域引入人工智能
Pro/ENGINEER
第一个运用“参数化设计”
思想的三维建模软件

过去的未来

本文记录了三位设计师在 20 世纪 60、70 年代思考的未来，追溯了设计和数据、运算、网络的历史性连接。

什么是一个更好的环境？有另一个什么样的「物件」可以被引入这个环境？在曼哈顿岛上进行的测地线穹窿（geodesic dome）计划就是一个这样的乌托邦。作为一名环境主义者，富勒相信「另一种环境」需要最小的物质消耗，换言之，通过最少的物质资料消耗覆盖最大的面积。测地线穹窿在结构和空间上都完成了这种需求：结构的最小化使得环境消耗最小化，同时对现有环境的效果有最大程度的改变。如果这种新环境物件中每个杆件都可以是「非物体」，那么这种模式似乎预测了一个和实体环境并存的环境模式——连线和互联网。

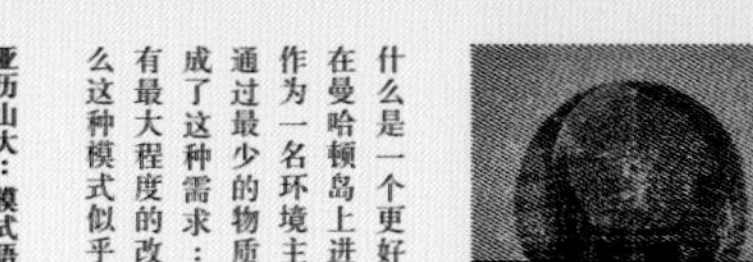

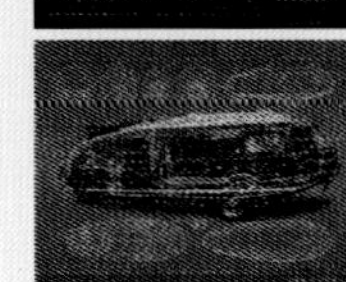

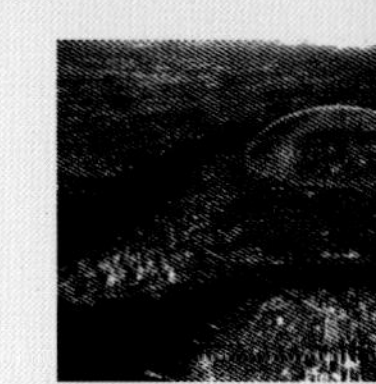

fig 1 曼哈顿的穹顶（来源：http://gotha
com/2012/03/08/the_1960_plan_to_pu
over_mi.php）

1　这段概念引用自：http://www.bfi.org/desi

亚历山大：模式语言、人与行为和对象

亚历山大在建筑学上的困惑促使他的思考转向形式的自然（生成）秩序和控制论。他指出，即使许多设计的结果看上去并不复杂（小到一个茶壶，大到一个村落），但设计问题本身相互嵌套，因此充满复杂性。他在 1964 年出版的《合成形式笔记》（Notes on the Synthesis of Form）一书中写到：「除去表面上的简单，这些问题本身所隐含的需求和行为背景，也会让这个问题过于繁复而无法用本能的方式抓住。」亚历山大在这本书中描述的设计过程，需要计算机来分析一系列复杂的数据并界定「不适合」（misfits），这些不适合成为设计的要求，从而让设计师可以通过创造一个形式来进行改良、解决或者避免。

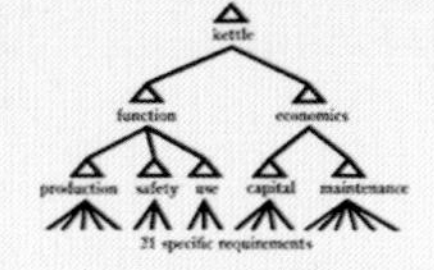

fig 2 合成形式（来源：《合成形式笔记》）

fig 3 建筑的空间模式
（来源：《建筑模式语言》）

过去的未来：富勒、亚历山大、尼葛洛庞帝*

范凌

本文希望重新激活一个被遗忘的建筑学线索，并试图通过这条线索，让建筑学和当代将科技、设计、创业相结合的社会氛围建立关联。这条线索在20世纪五六十年代异常活跃，随后在欧洲大陆以符号学为代表的哲学人文思维和认知论（或者可以简称为「抵抗的建筑学」）的发展中偃旗息鼓，但它在控制论、计算机科学、人工智能以及随后的互联网上仍然被延续。与批判建筑学追问、抵抗的态度不同，这是一条以系统性解决问题为目的的建筑学探索，它以系统、方法、模式、交互、行为、对象作为语言，以可持续的社会价值（和商业价值）作为动力。

复杂问题

20世纪五六十年代，有一批建筑师发现自己遭遇的设计问题越来越复杂。现代科学的发展以及信息时代的到来，让建筑学可以通过计算机和信息科学的工具和观念来解决问题，并建构一种设计的「方法论」。他们希望通过被美国建筑师巴克敏斯特·富勒（Buckminster Fuller）称为「设计科学」的角度来

推动建筑学的发展，一方面转向环境学、控制论和人工智能等新兴的人机协同理论，另一方面转向从认知科学、格式塔心理学、语言学等系统性和结构性知识中抽取的概念模型。这些转向都强调过程而非形式结果，并把人—建筑师抽离设计过程的核心角色，以此试图让最终的设计结果超越人或机器单独工作所产生的结果。沿着这条线索，有三位重要的建筑师：巴克敏斯特·富勒、克里斯托弗·亚历山大（Christopher Alexander）和尼古拉斯·尼葛洛庞帝（Nicholas Negroponte）。三人都激烈地挑战了建筑师的传统角色。富勒是「设计科学」的先行者，自称「设计科学家」，亚历山大是建筑学的反叛者并为数学和计算机科学的发展带来重要影响，这两人是基础思想的先行者；尼葛洛庞帝在实践中走得更远，他明确指出自己是一个「反建筑师」（anti-architect）。

富勒：设计科学、人与系统和连接

富勒的建筑学立场不在于单体的建筑物，而在于环境和全人类。他是联合国人居计划创始人之一，站在宇宙层面上思考地球的生存环境。他将这种思考解释为「设计科学」，并在《宇宙结构学》（Cosmography）一书中做了如下描述：「我所称的设计科学，其功能是通过给环境引入新的物件来解决问题。新的物件会产生人的使用，因此，『碰巧』会导致人类自发放弃原来产生问题的行为或者工具。例如，人们要过一条湍急的河流，作为设计科学家的我会给他们设计一座桥，从而使他

们自发并永远地放弃原来游泳过河这种危险的方式。」富勒的观点非常明确，与许多可以被称为「未来主义者」的建筑师、设计师不同，富勒并不认为改变现状的形式可以解决问题，一个看上去未来的房子仍然是千万年来房子历史的延续。解决问题只能通过引入一种新的模式，从而让人们放弃旧的模式。

尼氏于1968年创立的「建筑机器组」（Architecture Machine Group）在《建筑机器》（1970）和《柔性建筑机器》（1975）两本书中，尼氏将设计过程界定为一种对话。这一观点改变了传统的人和机器的动态。他写道：「这些对话如此紧密甚至独有，因此只有通过互相说服和妥协方能获得观念，这种观念并不能通过任何一方的独立努力而实现。毫无疑问，这种合成共生（symbiosis）

关系决定了机器不是人类设计师单方面决定的工具。」因此为了获得一个不断演进的设计结果，人机之间的亲近关系需要包括人工智能，因为「任何设计流程、规则或者真实性都是可以在不同情况下被颠覆的。」[3] 人工智能的介入是积极的，通过行为进行表达，并且和人、机器一起随着时间发展。建构这个机器并不容易，但是建构一个体制，让人和机器之间交互的探索可以不断发展共生却成为了现实，媒体实验室便在这种大背景下成立。

尼葛洛庞帝在媒体实验室以后的下一个项目是「每个孩子一台电脑」计划：设计开发一种尽量便宜的笔记本电脑，通过让孩子——天生的黑客——拥有一台机器，从而获得知识、联系与快乐，每个孩子都成为激活周围相对落后环境的因子。尼氏说本来他觉得这个计划应该是一个教育项目，但是在很多他所帮助的国家却成为一个国防和国家安全项目（TED Talk），也可被称为「维稳」项目。

新整体

富勒希望处理「人和环境」的问题：通过建立一种设计科学来解决复杂的宏观问题，通过一种新的模式、制度、物件来取代（而不是改变）产生问题的旧模式，新的人和环境取代旧的环境——这个「新整体」的物质性最小，但系统联系性最大。亚历山大则建立「人和模式」的问题：通过将宏观问题分解成模式，并

3 Nicholas Negroponte, The Architecture Machine (Cambridge, Mass.,: M.I.T. Press, 1970), 11-12.

从自然、社会的系统中发现对象和行为，通过重新设定模式中对象的行为，建构一个系统性的新整体。但是，富勒的「新整体」具有浓重的乌托邦色彩，亚历山大的「新整体」是概念性的。似乎只有尼葛洛庞帝更接近真实。人机的共生关系创造出人和机器都无法单独完成的结果。这种方式可以被称为「人机交互」或者「众包」（crowdsourcing）。之所以「每个孩子一台电脑」可以被认为是一个具有「维稳」效果的项目，正是因为原本随机的这些因子通过机器成为一个又一个「人机共生体」，都在进行「随机的，大众的，无意识的，善意的行为」，影响自己的父母、家族、村落。通过互联网带来一种集群效果，我们不知道这个效果有多大，到何时才能够从量变转为质变。但是如果我们看看其他人机共生、人机互动、人机共同进化、众包的例子，似乎并不难相信，一个巨大的系统性问题（富勒称为「宇宙的问题」）也许是可以被一种可以被辨识的「模式」解决的。

宇宙、永恒、模式、人机、进化……这一系列「大」词，听上去有些上世纪中叶的科幻味道，但正是那一代的科幻孕育了现在。艺术史学家库布勒（George Kubler）在《时间的形状》（1962）一书中说：「现在产生的所有东西要么是不久前的一个复制品，要么是变种，可以连续无间断地追溯到人类时代的第一个早晨。」[4] 我们有必要追溯过去的未来，因为未来在过去中。（感谢中央美术学院韩涛先生和同济大学袁锋先生对本文的帮助。）

4 George Kubler, The Shape of Time: Remarks on the History of Things, New Haven: Yale University Press, 1962, p.2.

亚历山大认为，20世纪的建筑学的设计方法和实践存在着根本问题。在《合成形式笔记》中，他认为现行的设计方法未能产生让个体和社会满意的设计结果，没有真正满足真实用户的需求，因此无法满足设计和工程改造人类生存环境这一基本要求。他在加州大学伯克利分校建立起来的「设计方法」教研组，用模式语言和空间结构的思想方法，通过将复杂问题细分的方式进行过程简化，经过几层简化最终分解为多个小问题，只要将小问题逐个解决，随后聚合起来就可以解决大问题。这种细分的方法产生了所谓的「模式」，通过重建模式的组合，从简单情况的复合形成一个复杂的系统。这个方法是一种从解决问题出发的实证研究，正如在哈佛大学举行的那场著名的对话那样，亚历山大不同意艾森曼把形式看做一个「问题」。亚历山大在这方面的研究不断影响着包括格罗皮乌斯和路易·康在内的主流建筑学思维发展。如果我们看看这两位晚期的工作即可窥见一些端倪：格氏致力于建构一种协同的设计方式

（格氏将其公司命名为「建筑师协作」<Architect's Collaborative>），而康则希望通过基本几何的排列、组合、累积，来解决复杂的城市功能和建筑功能（如未建成的费城规划和孟加拉国的建筑群）。

60年代建筑和计算机的影响是相互的，正如控制论创始人之一帕斯克（Gordon Pask）所撰文章《控制论的建筑学关联》（Architectural Relevance of Cybernetics），两者在思考和行动上都相互促进（而并不是一个行业用另一个行业所创造的工具）。亚氏的几本大部头专著直到90年代末还是计算机科学基础研究的必读书目，在计算机的理论体系尚未完全发达的时候，计算机专业通过模式语言来寻找自己的方法。其中设计方法和模式语言对于计算机语言设计的影响，直接导致了现在被广泛使用的「基于对象的程序语言」的诞生。而建筑学知识在这方面的影响和作用尚未被深入研究。

尼葛洛庞帝：数字社会、人与机器对话、交互

帕斯克在1969年发表在英国《建筑设计》杂志上的《控制论的建筑学关联》一文中发问：让我们把设计范式指向设计师自身——不是针对被设计的系统和使用者之间的互动，而是被设计的系统和设计这个系统的人（设计师）之间的交互关系[2]。这个问题深深吸引了尼葛洛庞帝。

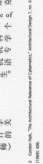

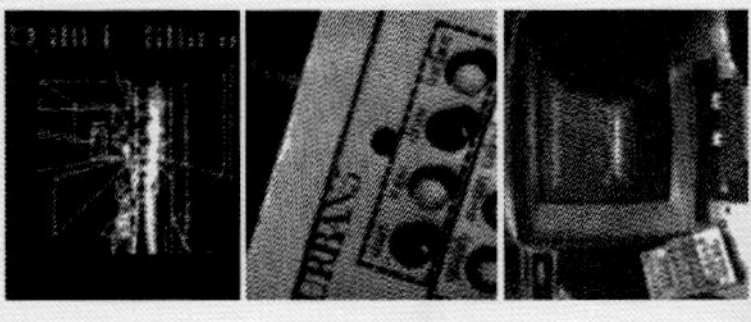

2 Gordon Pask, "The Architectural Relevance of Cybernetics," Architectural Design 7, no. 6 (1969): 496.

fig 4 Urban 5（来源：《柔性建筑机器》）

设计中的人工智能研究

在英文文献中，设计中的人工智能研究逐年递增；中文的相关论文还非常有限。

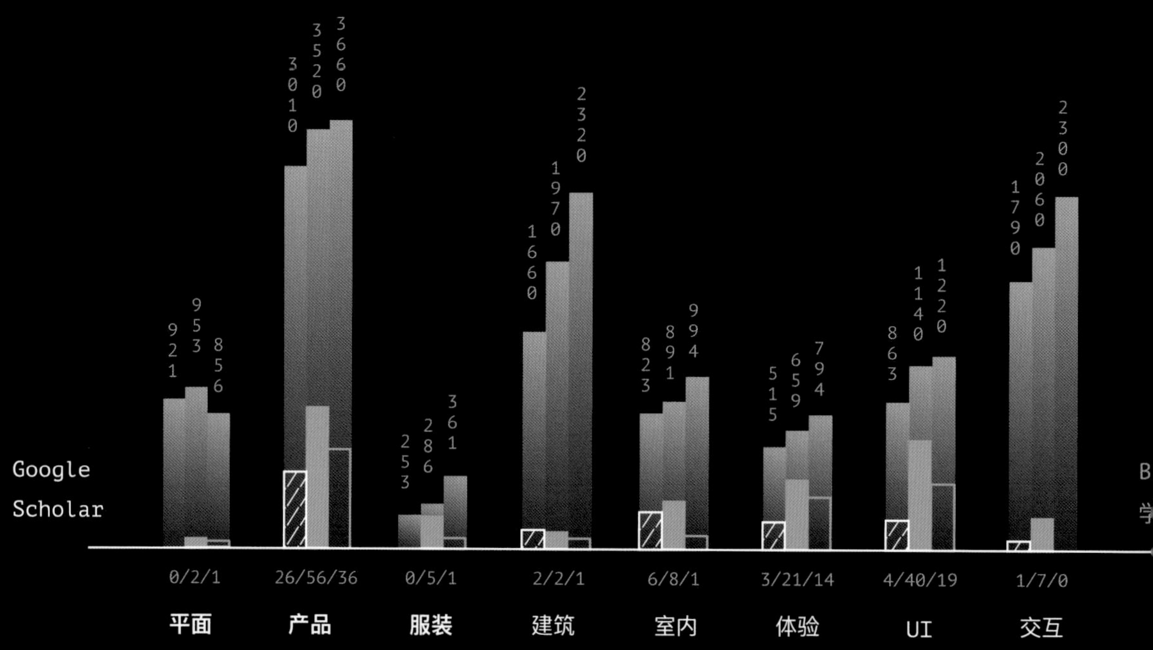

来源：Google Scholar / 百度学术

中文关键字	ENGLISH KEYWORDS
1. 专家系统	1. Computer Graphic
2. 知识工程	2. Design Space
3. 自然语言理解	3. Modeling Paradigm
4. 智能设计	4. Creative Modeling
5. 计算机辅助设计	5. Content Creation
6. 智能决策	6. Design Cognition
7. 参数化设计	7. Intelligent Decision Support Systems
8. 遗传算法	8. Human-centered Computing
9. 机器学习	9. Computer system organization
10. 人机交互	10. Evaluation methods

设计逻辑到运算逻辑

把设计问题变为运算问题，首先从计算机图形学开始，经过了三十年的发展，开始引入数据和机器学习，并在过去两年里随着生成式对抗网络（GAN）的发展，逐渐可以直接进行内容的创造。

01 基于计算机视觉和图形学 设计动作被转化为运算

02 基于大规模数据和机器学习 增强设计能力

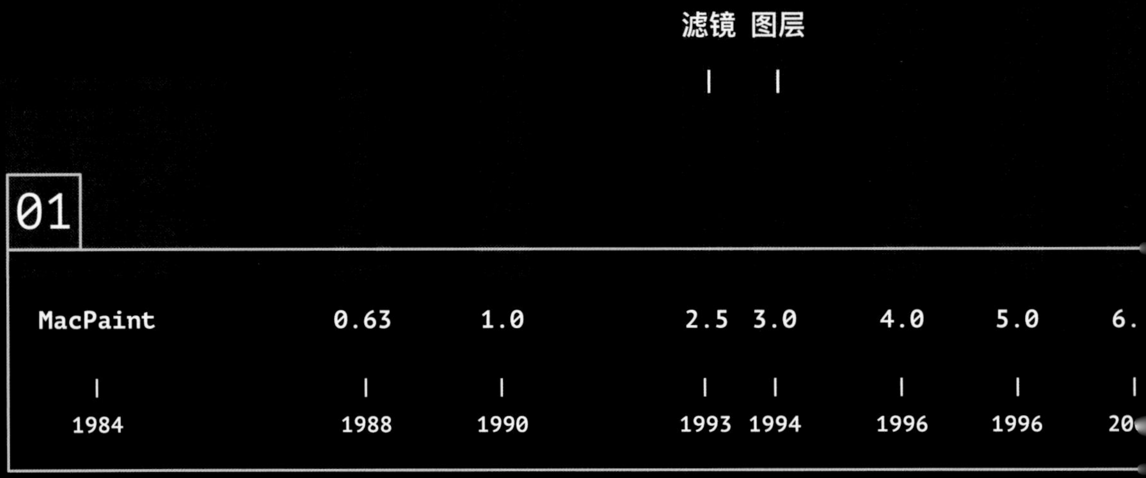

滤镜 图层

01

MacPaint	0.63	1.0	2.5	3.0	4.0	5.0	6.
1984	1988	1990	1993	1994	1996	1996	20

来源：Adobe Photoshop 的产品发展

03 基于深度神经网络&生成式对抗网络(GAN)直接创造设计

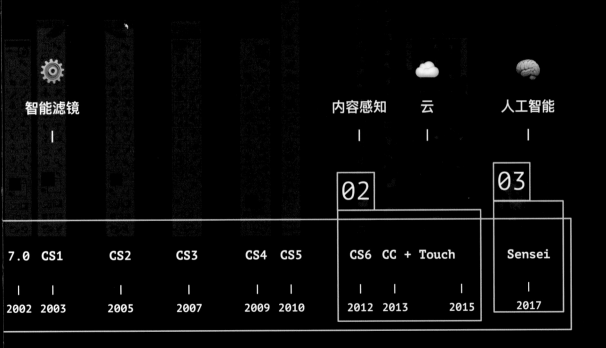

智能滤镜 | 内容感知 | 云 | 人工智能

7.0	CS1	CS2	CS3	CS4	CS5	CS6	CC + Touch		Sensei
2002	2003	2005	2007	2009	2010	2012	2013	2015	2017

02

03

用运算逻辑进行的设计

* 生成式对抗网络（GAN）在创造上已经取得了令人瞩目的进展。

“

基于样式的生成器的一个令人兴奋的特性是，它们已经学会了围绕汽车等物体进行 3D 视点旋转。这些有意义的潜在插值表明模型已经了解了世界的结构。

An exciting property of style-based generators is that they have learned to do 3D viewpoint rotations around objects like cars. These kinds of meaningful latent interpolations show that the model has learned about the structure of the world.

Ian Goodfellow

用 GAN 进行服装设计

输入一张照片，GAN可以自动生成服装 / 鞋子 的设计

用 GAN 进行角色设计

输入一组属性，GAN 可以自动生成二次元形象

用 GAN 进行字体设计

输入部分汉字的字体设计，GAN 可以自动生成剩余的汉字

用 GAN 进行视频设计

输入一张静态图片，GAN 可以自动输出一段预测之后 1-2 秒的视频

来源：Jonathan Hui，GAN—Some cool applications of GANs

久 久 肠 肠 柞 柞

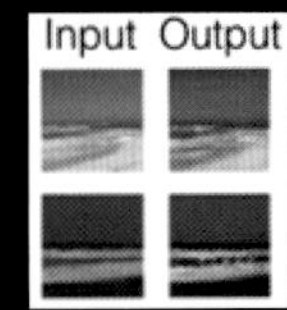

想象力的释放：技能的民主 / 数据的垄断

技术的发展让技能变得更民主，但使用人数和创造内容越来越多，形成了高度的数据垄断。技能的民主与数据的垄断共存。问题是:人是否可以通过技能的民主,而获得想象力的进一步释放?还是会因为数据的垄断，而失去想象力?

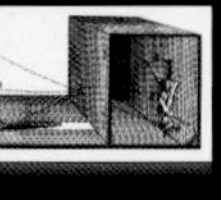

技能的民主　　绘画 / Camera Obscura　　摄影师　　光学相机

数据的垄断　　1,000　　10,000　　100,000

> 当人工智能拥有超过人类的智力时，想象力也许是我们相较于它所拥有的唯一优势。
>
> 刘慈欣

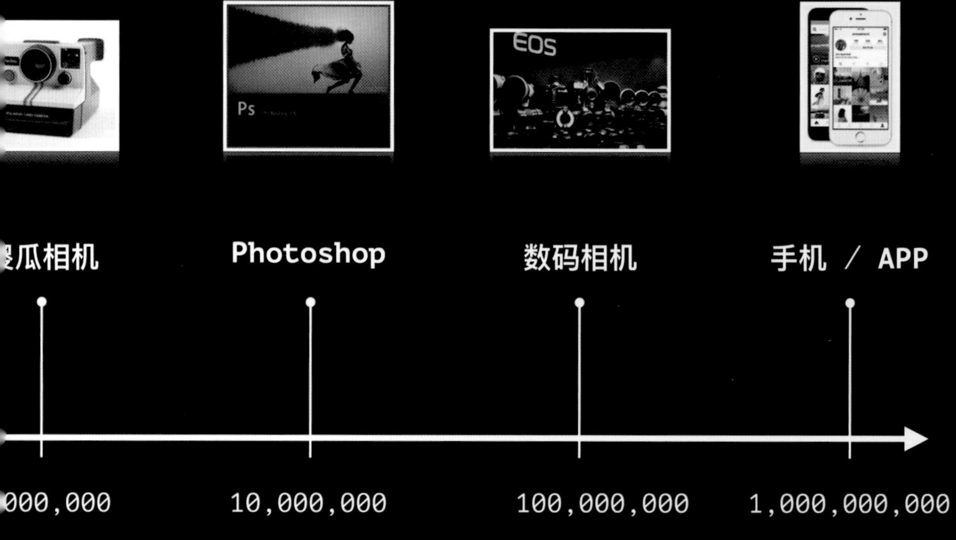

设计工作受自动化的影响

不同的研究中，设计都属于不会马上被自动化取代的行业，但也并不属于完全不可被取代。

麦肯锡全球研究院

工作的未来：自动化、就业和生产力

A future that works: Automation, employment, and productivity

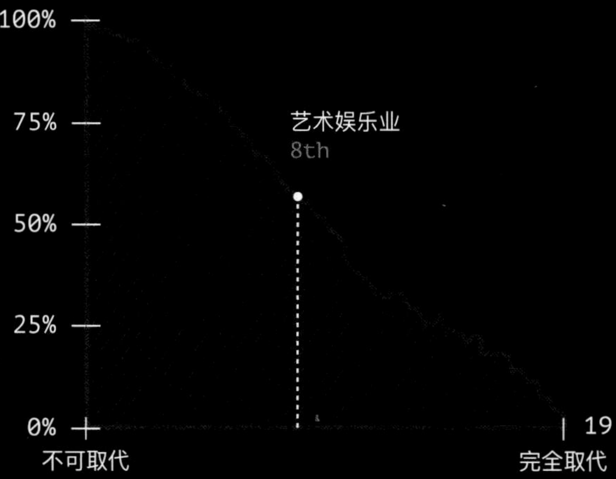

来源：McKinsey Global Institute / 李开复 / Oxford University

李开复：AI·未来

365 种工作的未来消亡概率图谱

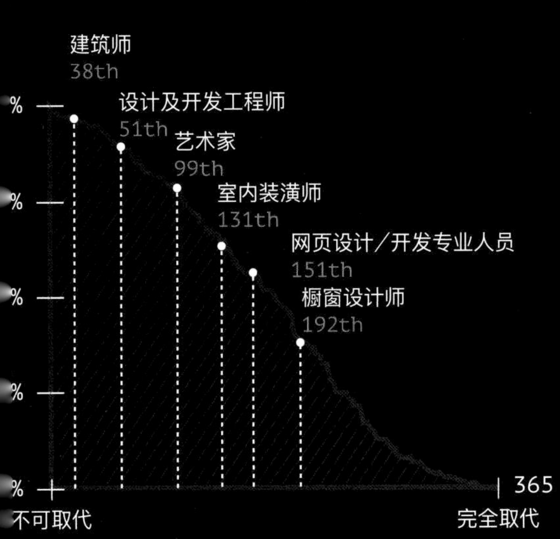

牛津大学研究报告

就业大未来：工作有多么容易受到电脑化影响？

The future of employment: How susceptible are jobs to computerization?

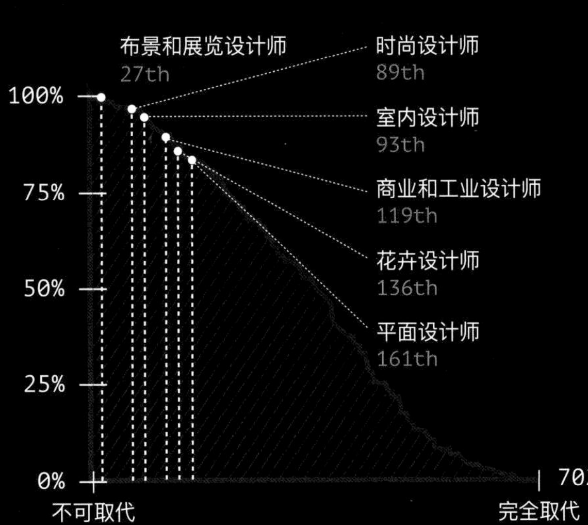

技能的民主 / 专业的工作的变化

工具和智能的发展，让设计的技能变得更为民主了，有更多的人具有了设计能力。短期之内，一定会对一些设计工作产生影响（如 Photoshop 出现后对于排版工人的影响），但也会产生新的工作机会（如平面设计工作的迅速增加）。

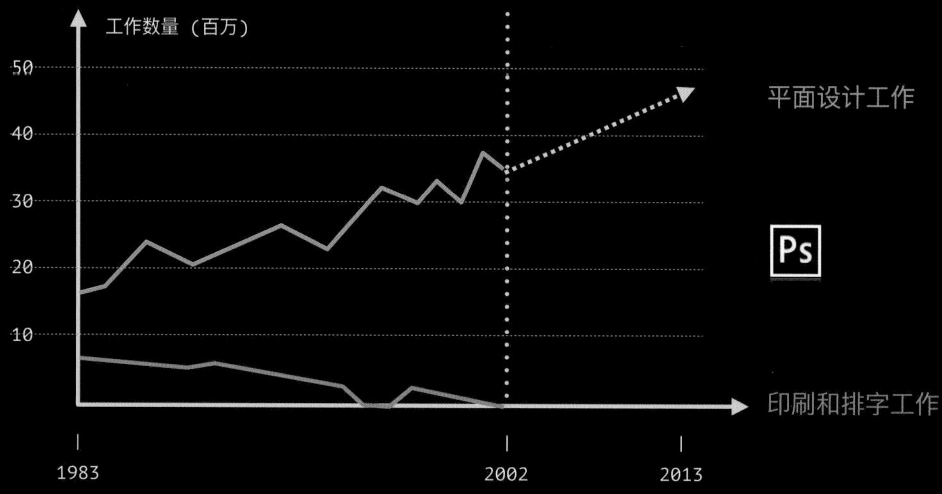

> 技术摧毁旧的工作，但总是能够创造更多新的工作。
>
> 《经济学人》

创意工作需求的改变

% 中等自动化程度下的需求改变比例（截至 2030）

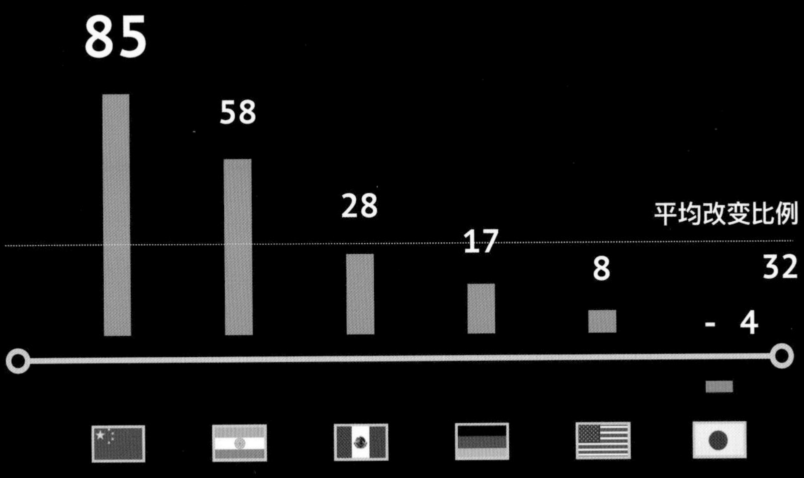

世界经济论坛白皮书

📖 **创造的颠覆：** 新技术对创意经济的影响

04 脑机比 3.0

BRAIN MACHINE RATIO 3.0

- 脑机比 3.0 试图在设计创意领域描述人与机器之间信任的程度，在设计人工智能应用中建立以人为中心的机器学习。
- 人工智能并不等于自动化，有些对人的能力有挑战的领域也需要人工智能，帮助人完成仅由人无法完成的任务。
- 脑机比随着工作经验的增加变大，即：脑在工作中的占比越来越高。
- 第一次统计了日本设计师的脑机比。

2019年脑机比*

* 脑机比（Brain Machine Ratio）：一种观点认为，在设计和人工智能的讨论中应避免使用“替代”，因为它代表一种对于人类创造性工作的威胁。更合适的描述方式是“脑机比”，即人脑与机器的比例。

设计工作中使用人工智能的主观意愿

设计工作中自动化的可能性

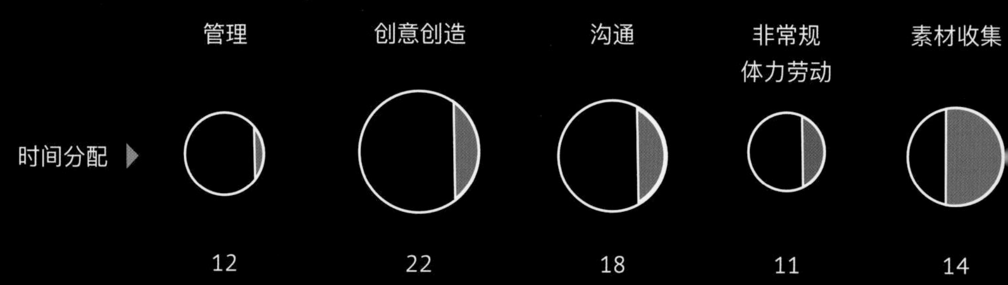

来源：设计人工智能报告 2019 问卷

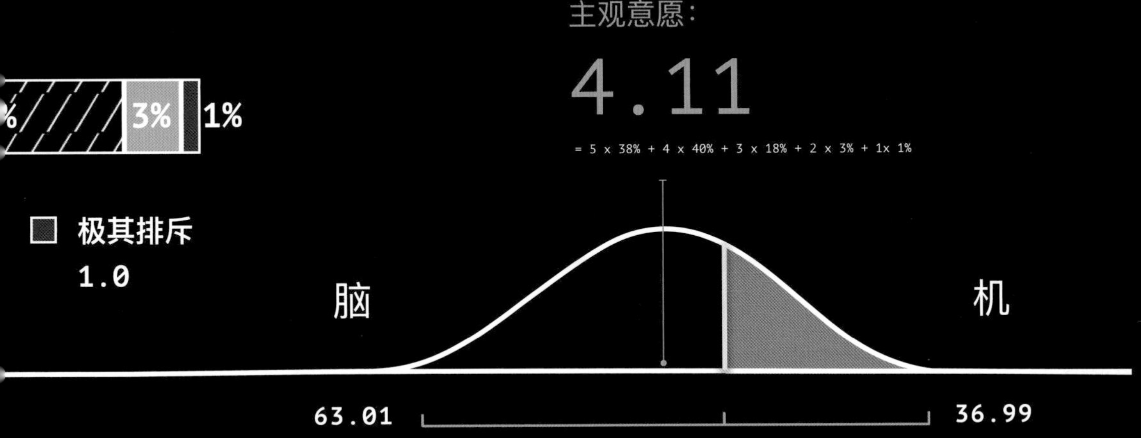

理

常规
体力劳动

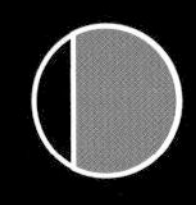

脑占比

自动化占比

11

脑机比:

1.70

2019年脑机比的样本

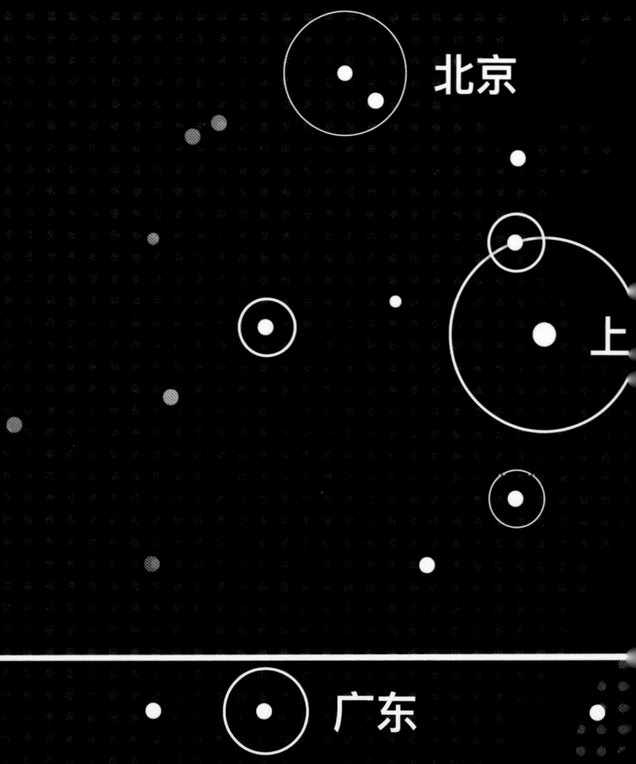

北京

上

广东

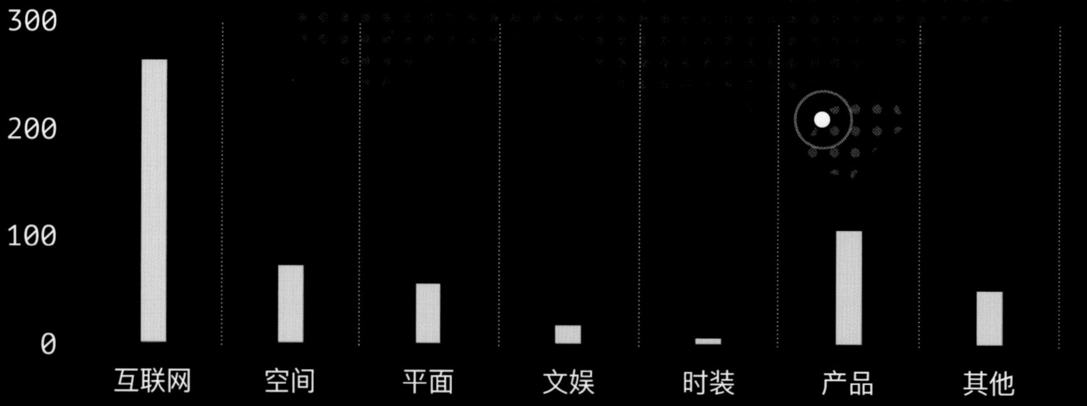

	互联网	空间	平面	文娱	时装	产品	其他

300

200

100

0

互联网 空间 平面 文娱 时装 产品 其他

来源：设计人工智能报告 2019 问卷

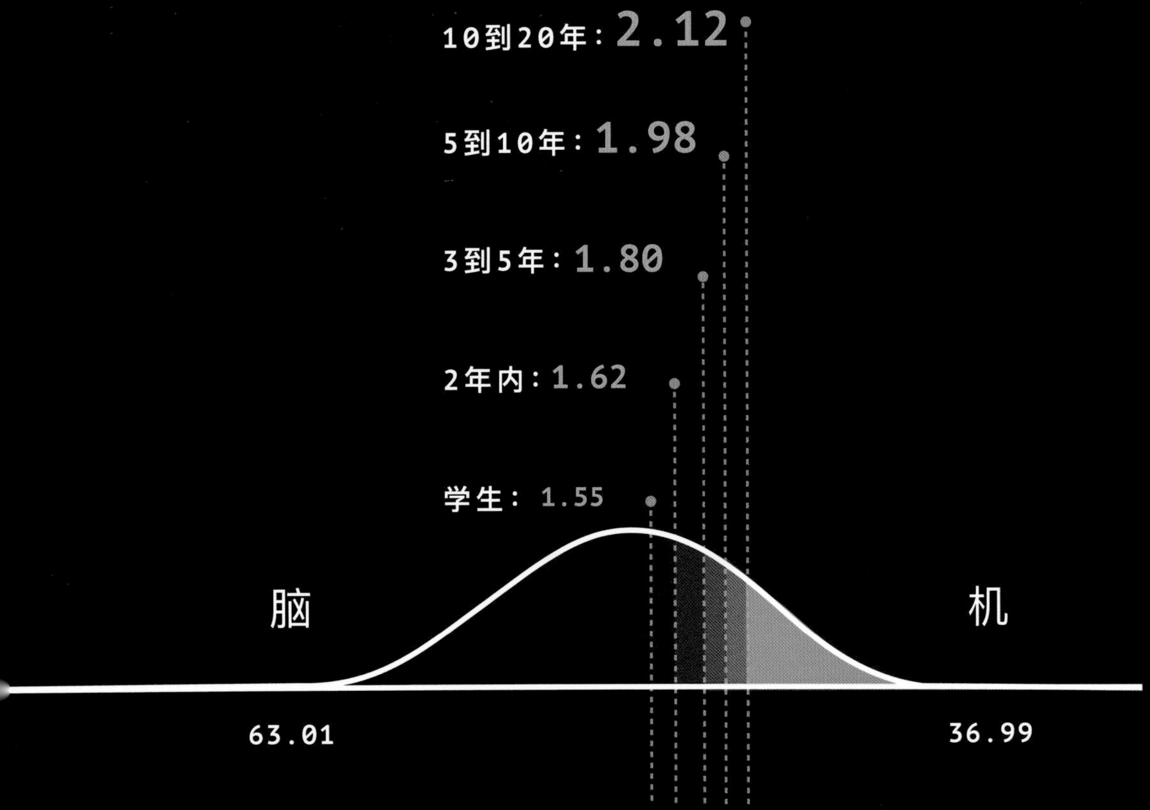

10到20年：2.12
5到10年：1.98
3到5年：1.80
2年内：1.62
学生：1.55
脑
机
63.01
36.99

200
100
0
学生
< 3年
3-5年
5-10年
10-20年
> 20年

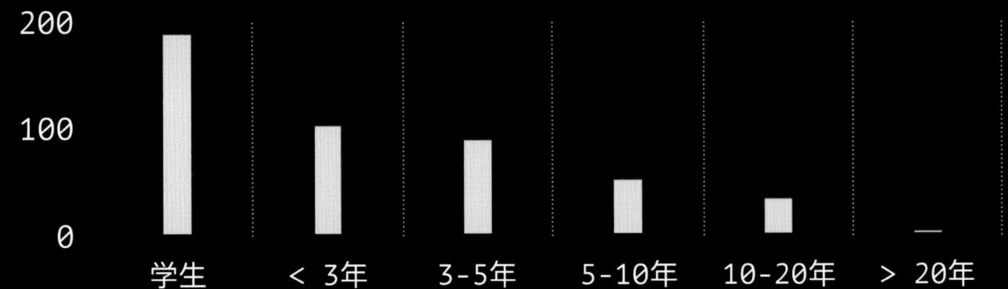

脑机比：产品 / 互联网

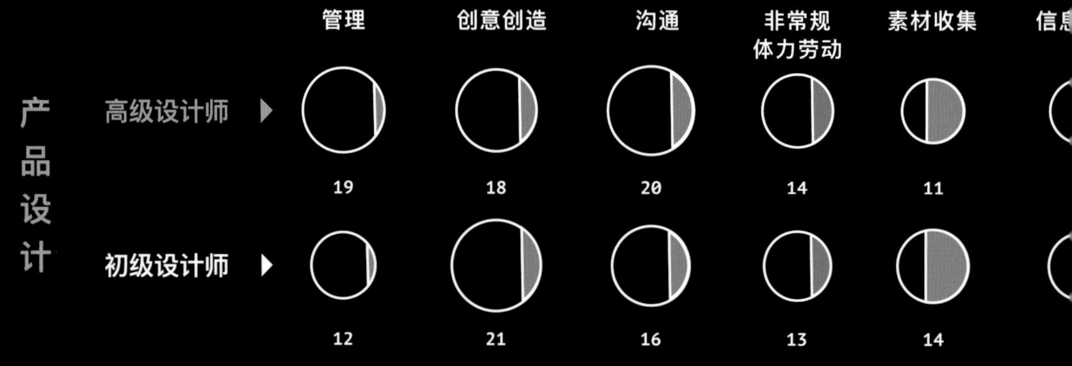

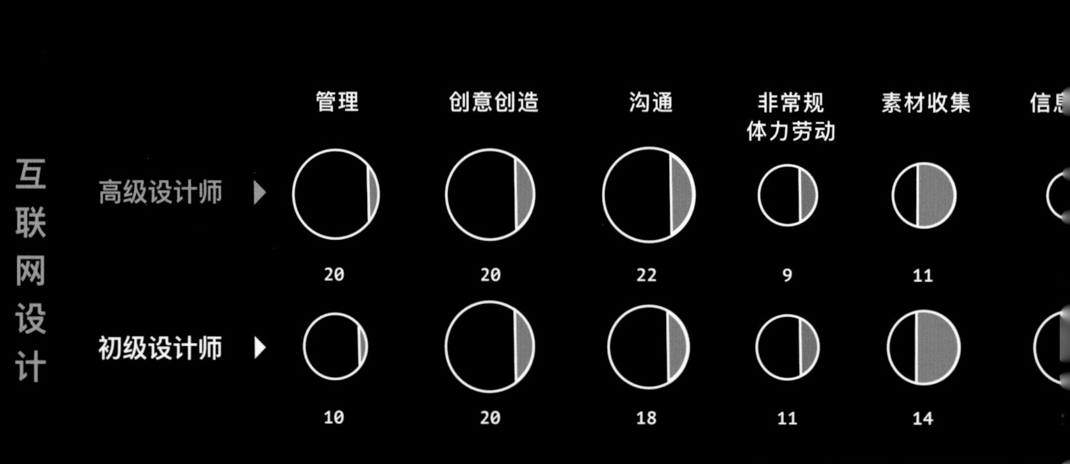

来源：设计人工智能报告 2019 问卷

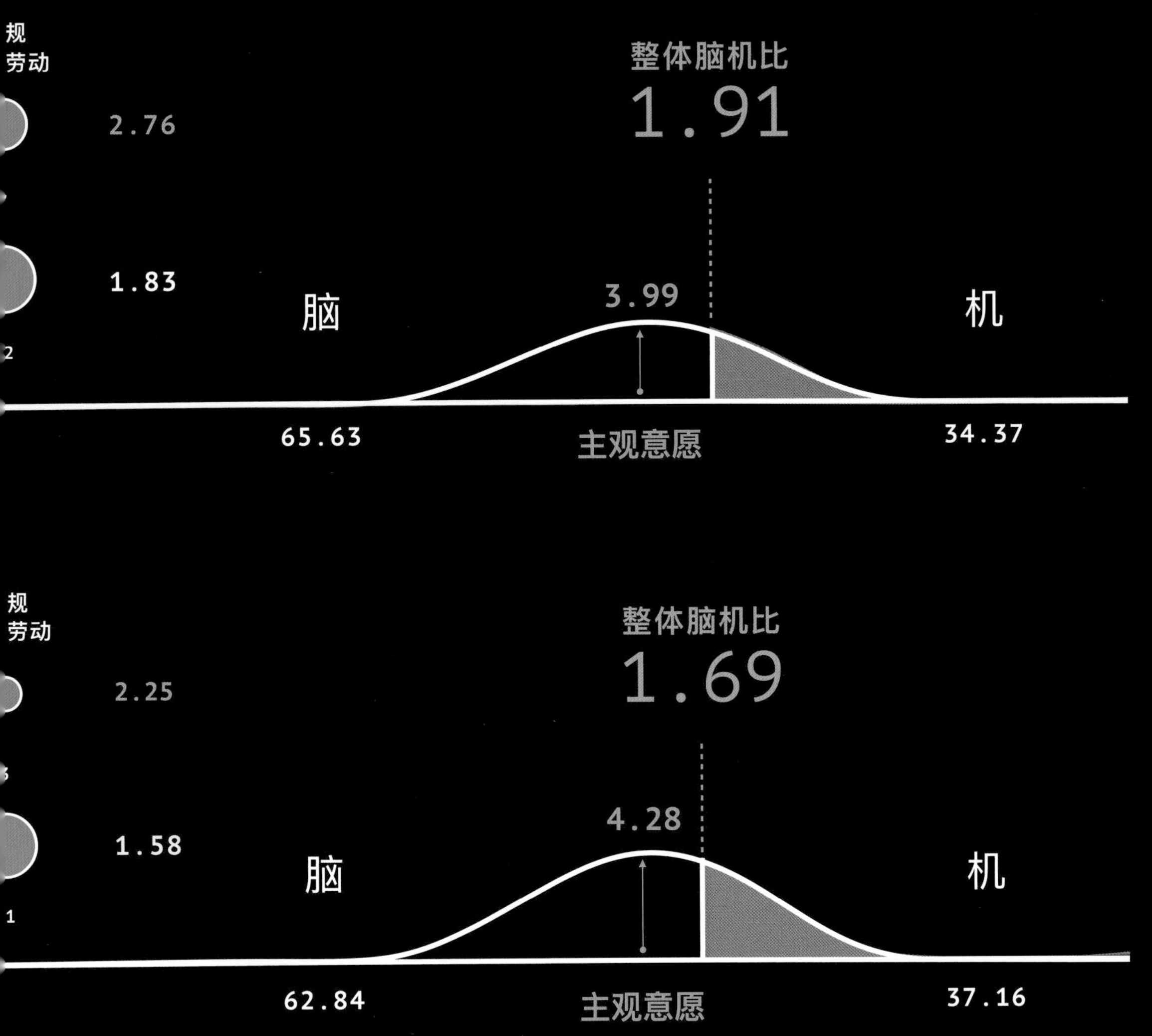
规
劳动
2.76
1.83
2
整体脑机比
1.91
3.99
脑
机
65.63
主观意愿
34.37
规
劳动
2.25
1.58
1
整体脑机比
1.69
4.28
脑
机
62.84
主观意愿
37.16

脑机比：平面 / 文娱

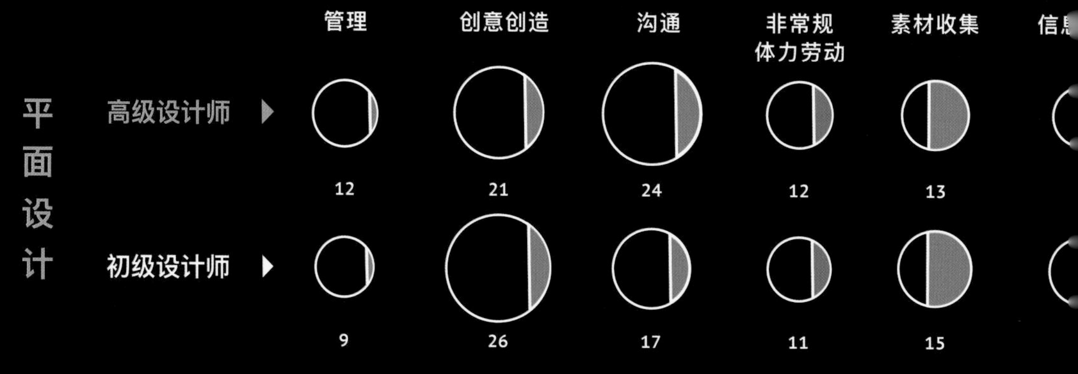

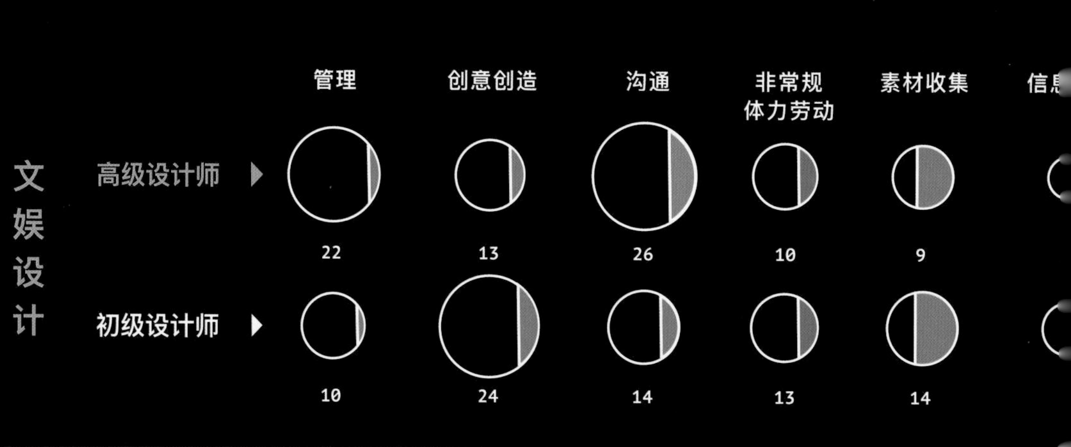

来源：设计人工智能报告 2019 问卷

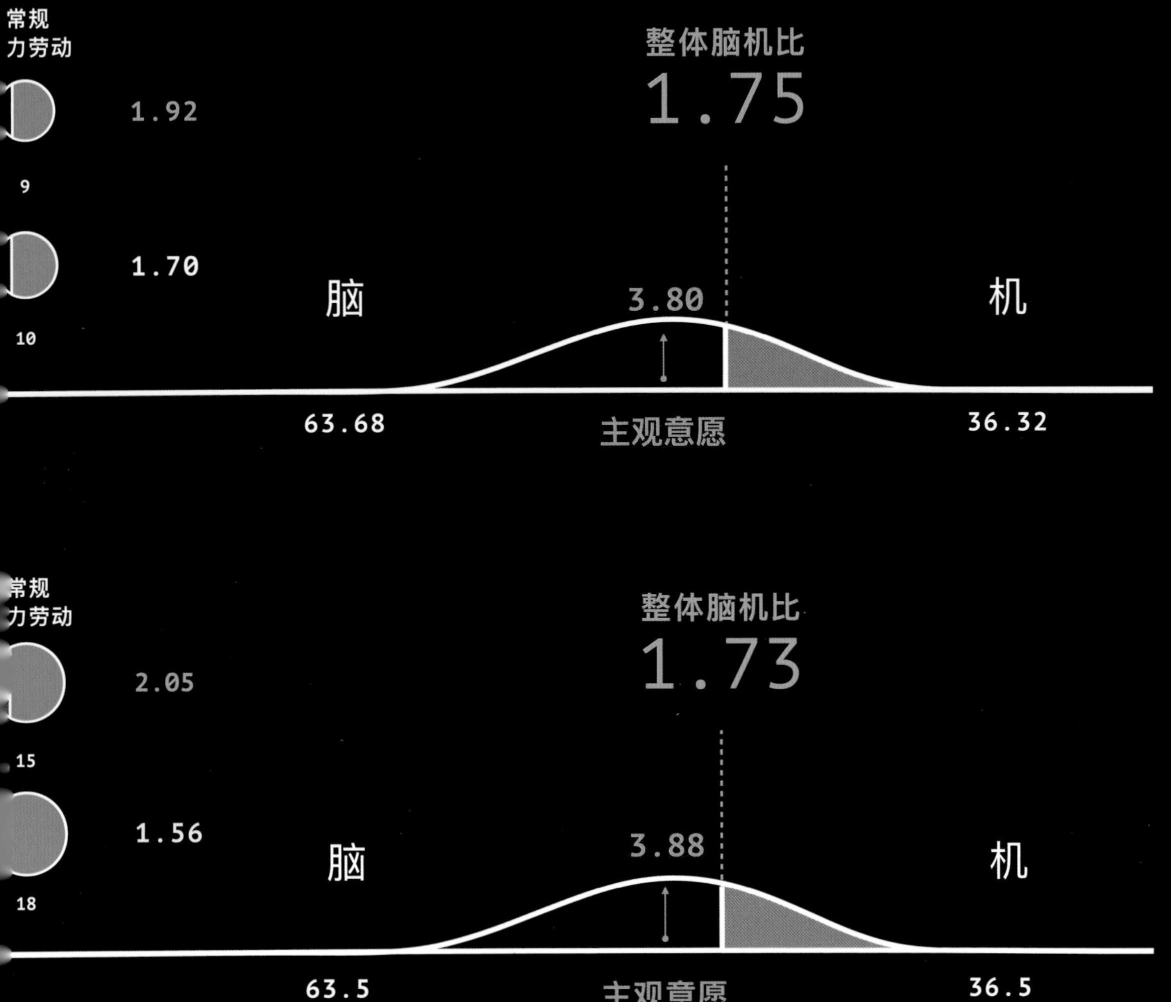
常规
力劳动
1.92
9
1.70
10
整体脑机比
1.75
脑
3.80
机
63.68
主观意愿
36.32
常规
力劳动
2.05
15
1.56
18
整体脑机比
1.73
脑
3.88
机
63.5
主观意愿
36.5

脑机比：空间 / 时装

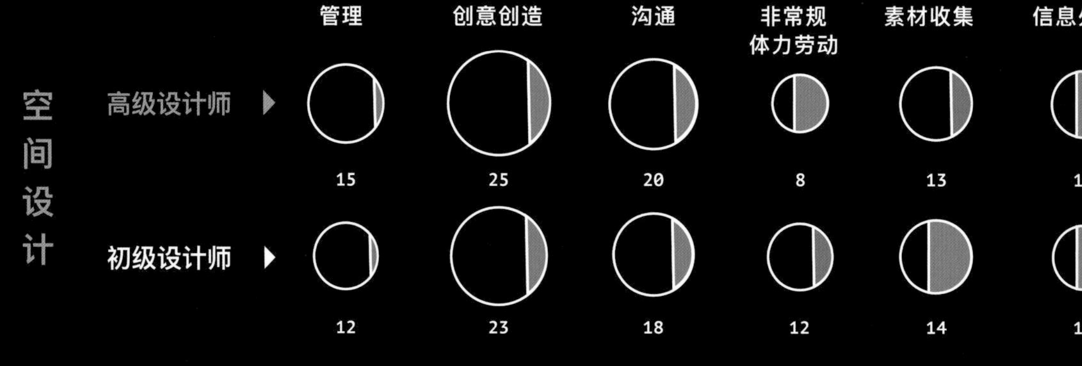

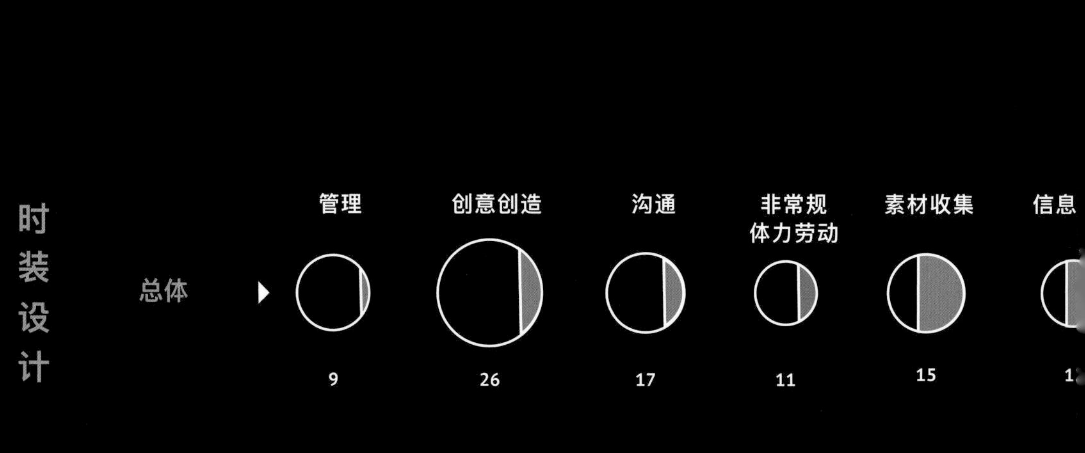

来源：设计人工智能报告 2019 问卷

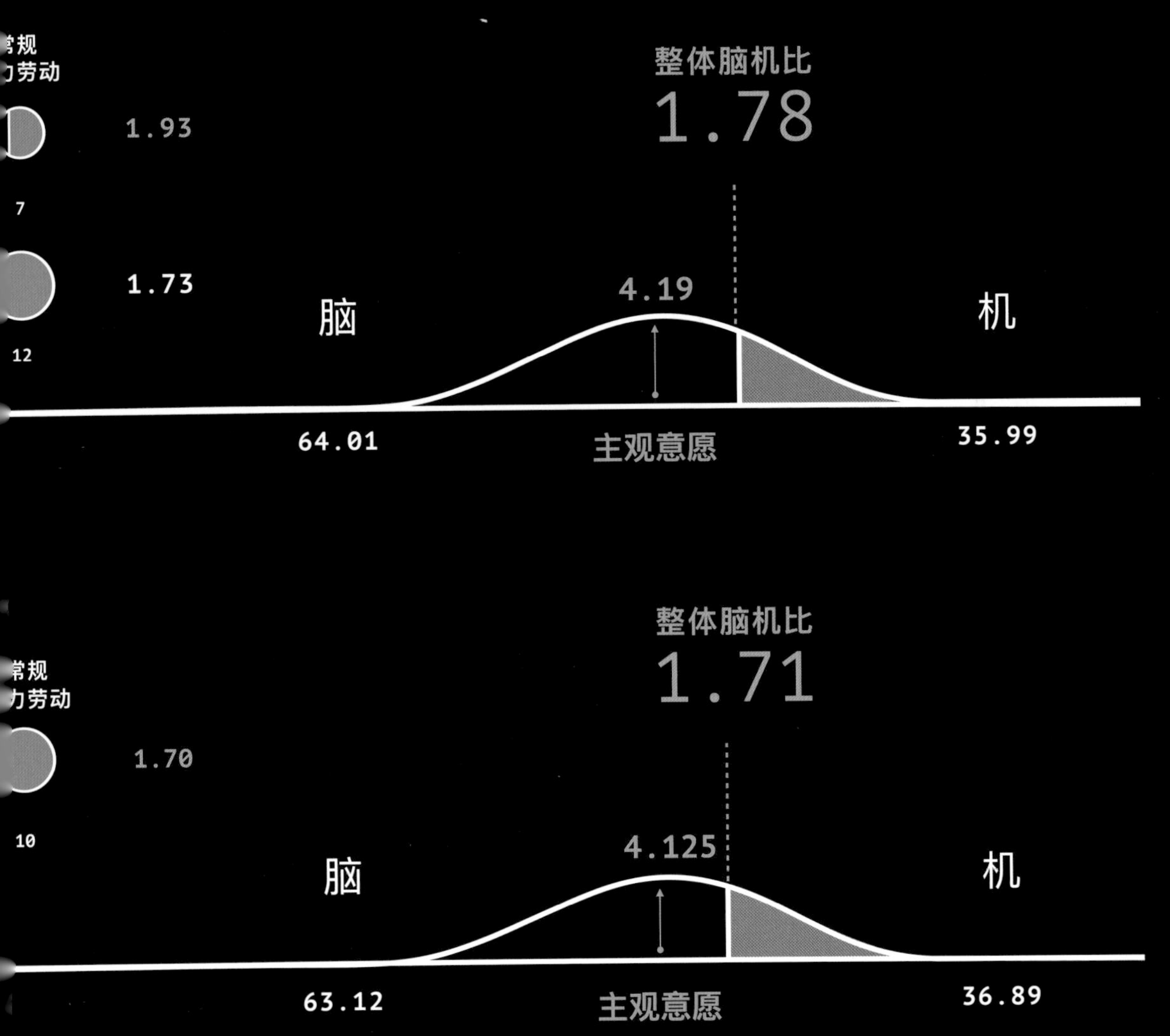
常规
力劳动
1.93
7
1.73
12
整体脑机比
1.78
4.19
脑
机
64.01
主观意愿
35.99
常规
力劳动
1.70
10
整体脑机比
1.71
4.125
脑
机
63.12
主观意愿
36.89

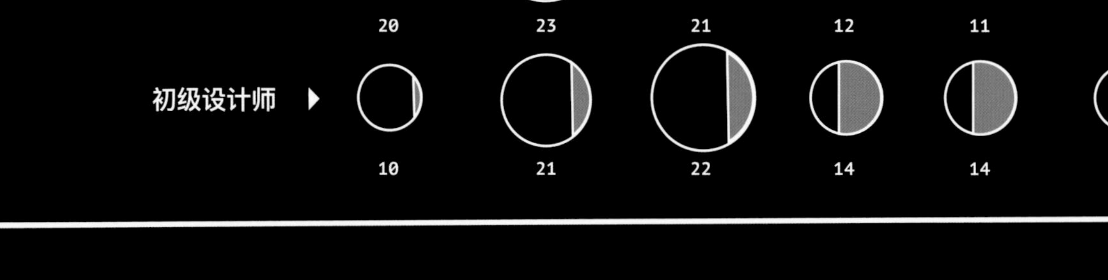

来源：李元杰 / 设计人工智能报告 2019 问卷（日本）

"我司正在通过AI造酒，但我们从未想过完全靠AI来酿酒。本来口味偏辣还是口味偏甜就没有是非对错。这个概念一定要靠人来赋予，而用AI来逐渐减少目标和实际的差距。

古森崇史
CTO, ima Inc.

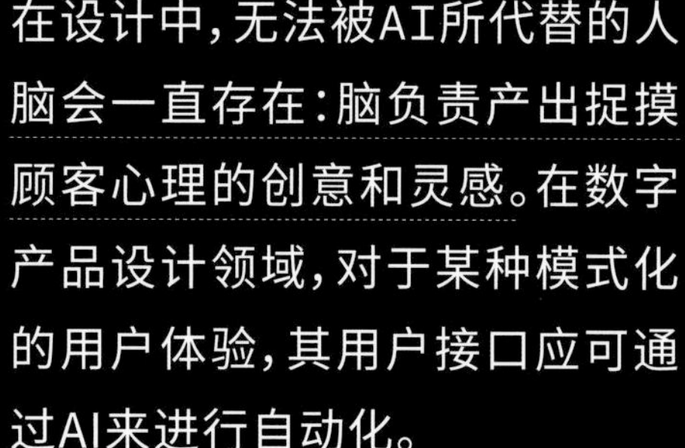

"在设计中，无法被AI所代替的人脑会一直存在：脑负责产出捉摸顾客心理的创意和灵感。在数字产品设计领域，对于某种模式化的用户体验，其用户接口应可通过AI来进行自动化。

田中裕一
CDO, BizReach Inc.

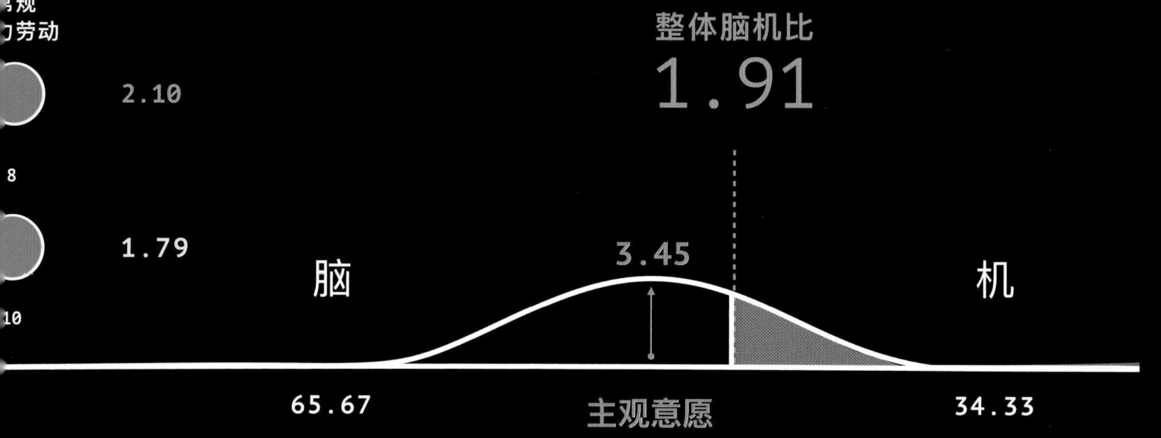

脑机比$^{3.0}$ = 人机信任

脑机比$^{1.0}$ = $\dfrac{\text{人的时间投入}}{\text{智能化可行性}}$

脑机比$^{2.0}$ = 脑机比$^{1.0}$ x 主观意愿

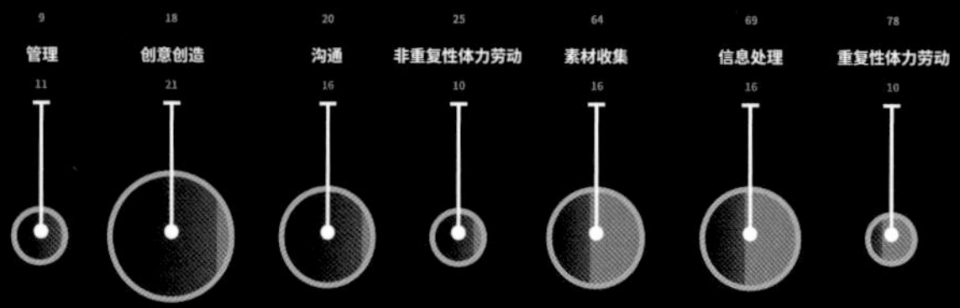

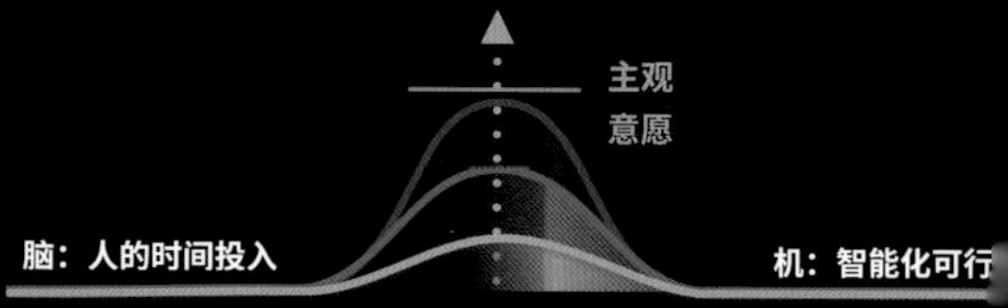

2017

-

有些工作机器成分越大，人脑成分越小。另一些工作，机器成分变大，人脑也在变大。甚至机器的成分越大，也会造成人脑的进化和释放，设计肯定属于后一种情况。

2018

-

有些智能化程度很高的工作（如素材收集、信息处理），人们依然愿意花时间。主观意愿对人机协同和进化有明显影响。故脑机比 2.0 增加“使用人工智能的主观意愿”角度。

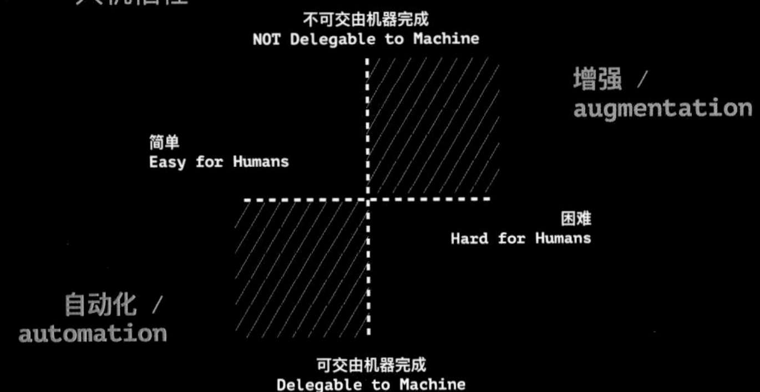

2019

-

人在环路中（Human-in-the-loop）

人对于数据的认识，帮助机器产生结果；

机器在环路中（Machine-in-the-loop）

机器辅助人进行判断，帮助人产生结果。

人机信任 + 协作

在研究人工智能对设计的影响时，我们更应该关注“自动化”之外的领域。在那些对人来说都很困难，或者无法交给机器决策的工作中，机器智能将如何增强人的决策？

PPT
* https://deckrobot.com/
* https://www.beautiful.ai/

Logo
* https://[illegible]logo.com/?ref=baidu
* http://www.eplogo.cn/index/logo.html
* http://ai.logo123.net
* https://logojoy.com/
* https://app.brandmark.io/v2/
* https://www.designhill.com/tools/logo-maker
* https://studio.tailorbrands.com/
* https://www.logopony.com

平面
* https://luban.aliyun.com
* https://kuaizi.ai/
* http://www.deepdraw.cn/#/
* http://www.hecaila.com/
* https://ling.jd.com
* https://www.tezign.com/solution
* https://www.arkie.cn/welcome

视频
* http://alibabawood.aliyun.com
* https://zenvideo.cn/#/home
* https://www.laihua.com

* https://thegrid.io/
* [illegible]
* [illegible]
* https://zh.wix.com/

* [illegible]
* [illegible]

信息处
重复性体力劳动

自动化 /
automation

可
机器

Delegable
Machine

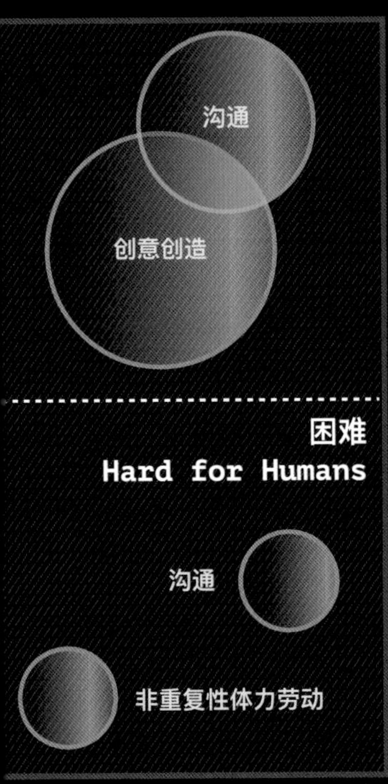

egable
Machine

增强 / augmentation

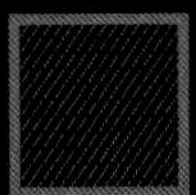

AI辅助设计过程

* https://www.bslong.cn/#/
* https://www.miototech.com/#/moltoai
* https://airbnb.design/sketching-interfaces/
* http://khroma.co
* https://letsenhance.io/
* https://facet.ai
* https://www.gaoding.com/koutu?hmsr=cn.bing.com
* https://clippingmagic.com/
* http://deepangel.media.mit.edu
* https://fontjoy.com
* https://www.whatfontis.com
* http://fontmap.ideo.com
* https://paintschainer.preferred.tech/index_zh.html

AI辅助设计理解

* https://autodeskresearch.com/projects/dreamcatcher
* https://www.refuel4.com/
* https://www.kreo.net/
* http://www.semsx.com/post/custom/0?_meta=1
* https://www.malong.com/zh/home
* https://albert.ai/ai-marketing-product/

以人为中心的机器学习

使用机器的目的并不一定是自动化(automation)，还存在很多的工作，人需要由机器辅助(augmentation)。“人在环路中”和“机器在环路中”这两种机器学习的范式，是“以人为中心的机器学习（Human Centered Machine Learning)。

“

不信任带来不用，
盲目信任带来滥用！

Dis-trust leads to
dis-use,
Over-trust leads to
mis-use!

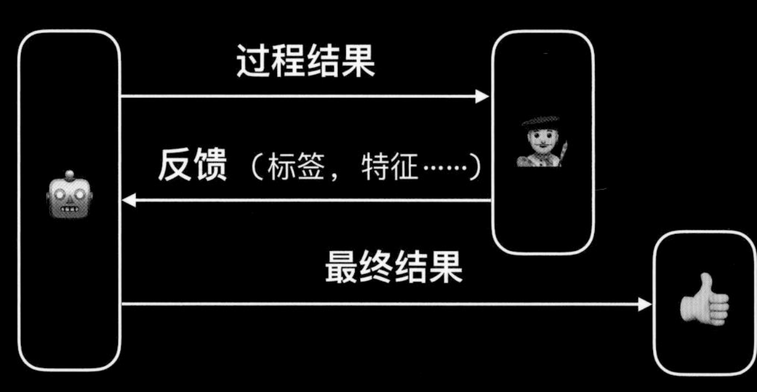

人在环路中 / Human-in-the-loop

-

在机器的决策过程中加入人（专家）的反馈。并不是让机器直接处理大数据，而是让机器按照人对于数据的认识来进行学习和决策。

来源：Chenhao Tan，以人为中心的机器学习

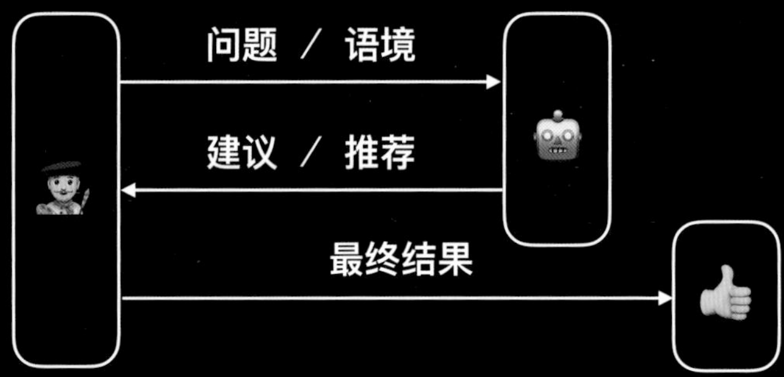

机器在环路中 / Machine-in-the-loop

-

由人做出最终的决策，机器用各种形式进行辅助和增强。“机器在环路中”的机器学习模式对于设计作为一种开放问题会带来价值。

05 设计人工智能路线图

DESIGN A.I. ROADMAP

- 很多企业都在进行设计人工智能的尝试，寻找合适的“应用场景”是重中之重。
- 企业实施设计人工智能项目的路线图：试点—技术—产品—战略。
- 企业实施设计人工智能不仅是为了提高效率，也是为了保持设计质量的稳定性和优化团队结构。
- 越来越多的大型企业开始了设计人工智能的战略努力。在第一线实践的设计人工智能从业者告诉你难点在哪里。

大型企业中的设计人工智能

2016 /

阿里巴巴

首个设计人工智能产品鲁班投入使用，“双 11”完成设计 1.7 亿张海报。

ADOBE

Adobe MAX 大会发 布设计人工智能引擎 Sensei，用机器学习技术赋能设计。

美图

推出人像美化、风格迁移、智能妆容等功能，每天处理 2 亿张照片，拥有世界最大的人像数据集。

2018 /

阿里巴巴

达摩院 + 浙江大学推出基于图文的短视频生成系统 Aliwood。

通用

采用 Autodesk 的设计技术 Generative Design，设计车辆座椅支架。

ADOBE

Sensei 引擎集成进 Adobe 的产品中。

AIRBNB

推出 sketching interface，手绘线框草图直接生成前端代码。

字节跳动

AI 辅助 UGC 创作，如抖音美颜、滤镜、动作；写作机器人小明 Bot；西瓜视频封面生成、视频理解。

2017 /

京东

玲珑正式启动，研发由 Taro 和商场技术架构部的 Drawbot 共同承担。

GOOGLE

启动了以人为中心的机器学习项目，让用户体验设计师理解机器学习。

阿里巴巴

“鲁班”更名为“鹿班”，上线阿里云平台，输出设计人工智能能力。

美团

开发智能设计系统，为外卖设计广告位、商家店铺装修等场景提供的设计能力。

2019 /

碧桂园

联合特赞开发“月行”智能广告设计系统，并筹备成立设计人工智能实验室。

联合利华

发布成立 AI 发现实验室，进行创意营销和零售的人工智能尝试。

企业对设计人工智能的态度

? /

不同公司对设计人工智能投入的阶段

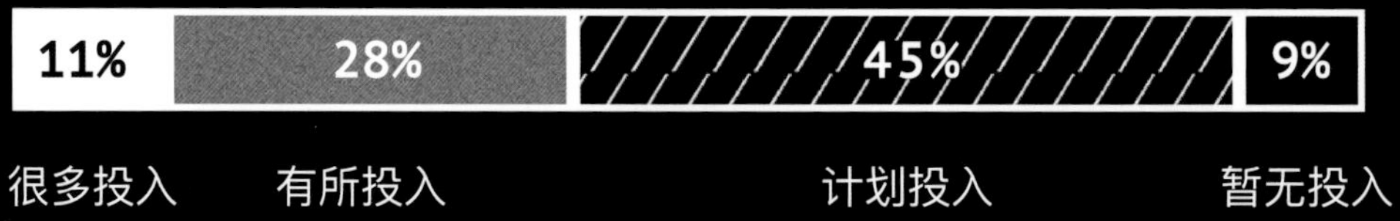

很多投入	有所投入	计划投入	暂无投入
11%	28%	45%	9%

100+ 个企业的设计管理者问卷

39% 企业已经开始对设计人工智能有所投入。主要集中在互联网、设计咨询等线上比重高的行业。

11% 其中互联网行业、咨询行业对设计人工智能做了很多投入，已经有标杆产品。

45% 有计划投入设计人工智能，主要集中在建筑、会展等线下比重高的行业。

蚂蚁金服 · 阿里云 · 美团 · 苏宁易购 · 奥美 · ARK · Design Affair · IDEO · 劲霸男装 · 大疆 DJI · 中信出版集团 · Canva · [illegible]科技 · 国家博物馆 · 耐克 NIKE · 联合利华 UNILEVER · PICO · 城建设计研究总院 · 中[illegible]工集团 · THOUGHTWORKS · 字节跳动 · 腾讯 · 拼多多

管理者的设计人工智能难点

/ 乐观 /

管理者对设计人工智能的技术和经费投入表达乐观。

/ 难点 /

寻找合适的“落地场景”证明设计人工智能的价值是项目推进的难点。落地场景包括质和量两个方面。管理者普遍担心落地场景无法挺高“质”，而只是盲目增加了“量”。

/ 人 /

“行业人才”和“思维转变”方面，管理者的观点差异大，还需要在具体实施中具体观察。

/ 数据 /

我们从对设计人工智能项目的调研中发现，数据的收集和结构化往往是项目被低估的难点。

来源：设计人工智能报告 2019 问卷

100+ 个企业的设计管理者问卷

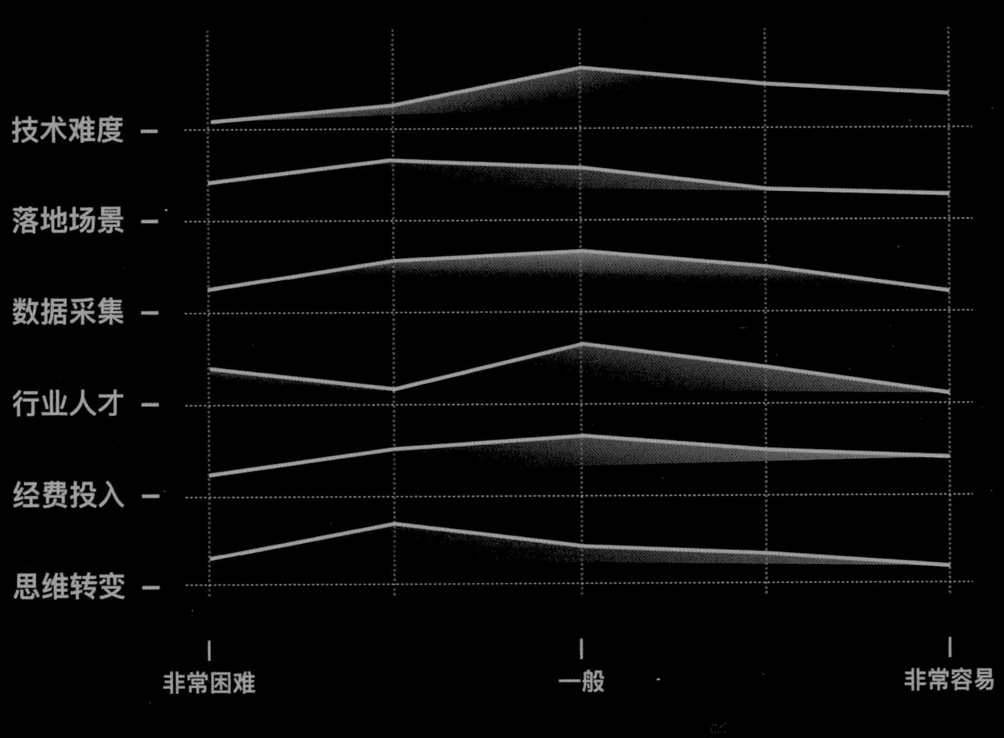

为什么企业做设计人工智能?

企业做设计人工智能并不是为了用机器取代设计师，企业普遍接受用人机协同的方式引入设计人工智能。除了提升工作效率，满足日益增多、分布不均衡的设计需求外，人机协同的设计人工智能还可以稳定设计质量，优化设计团队的结构。

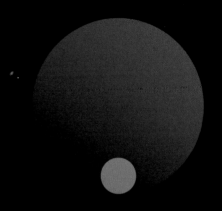

效率 / EFFICIENCY

人 + 机的工作效率是人的 70 倍以上，通过设计人工智能可以大大提高设计内容的生产效率。

来源：Susan Ren（联合利华）/ 陈宇（碧桂园）/ 王喆（特赞）

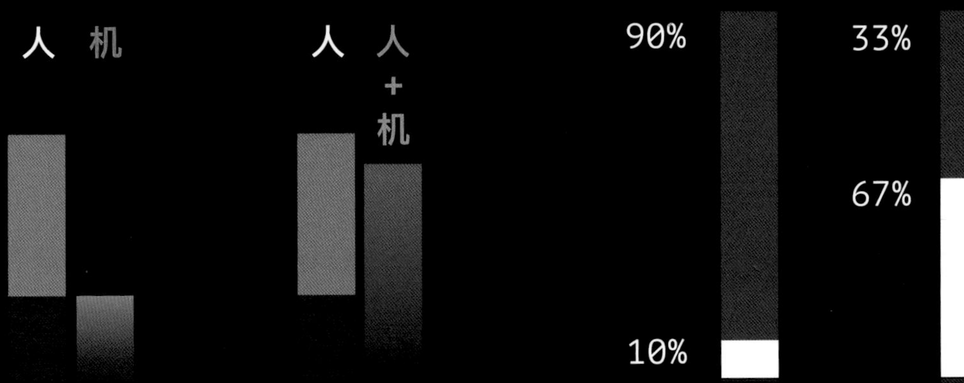

质量 / QUALITY

人 + 机的设计质量更稳定。设计师的设计质量可能参差不齐，纯机器做的设计停留在比较低的水平。

结构 / STRUCTURE

团队需要花大量的时间来进行短期、紧迫的任务，缺少时间进行有质量的中长期工作。通过设计人工智能可以优化精力分配的结构。

前线设计人工智能执行者的难点

01 / 业务模型的难点

-

教机器去解决设计问题，首要的难点即是定义问题，并把问题解构成业务模型/数理模型。如把设计的问题变为一个匹配的问题（生成匹配模型）或是分类的问题（侵权分类模型），在问题被很好地定义的基础上，才能展开技术选型的工作，算法模型才有明确的优化目标，机器才能发挥效用。要达到美的目的，就要建构达到美的机制。

02 / 结构化数据的难点

-

真实场景的设计作品（原始数据）对于机器来说不可读，需要先将原始数据转变为结构化数据。

1. 机器通过结构化的设计数据才能去理解真实设计场景。
2. 机器通过反馈数据去评估机器自身的行为。如在设计生成模型中，用人的打分诱导机器行为逐步趋近人的预期。让机器复现人的设计决策和判断就是设计智能。

来源：魏启龙（“月行”系统_设计人工智能算法专家）

03 / 设计系统的难点

-

设计是兼具艺术的感性和工程的效用性的学科。设计的AI化要求暂时撇去设计的感性层面，以设计系统的角度去看设计。正因为设计系统具有目的性，有目的才有量化的方法和逻辑、规律；方法、逻辑和规律能被机器化才能自动化。而自动化是机器智能的第一步。

04 / 计算机视觉的难点

-

设计/创造力代表人的高级智能，设计工作的思维过程本身非常高维。智能需要对接底层的操作系统，CV（计算机视觉）是模块化的底层操作系统模块，设计需要调用计算机视觉的底层模块来组成设计系统。而任何使用计算机底层语言来描述设计系统的过程，都是设计智能项目的难点。

企业的设计人工智能路线图

通过阿里巴巴、联合利华、碧桂园等企业进行的设计人工智能实践，我们总结了如下路线图。具有一定规模的企业，可以通过如下路线图，在设计、创意、营销、体验等领域运用设计人工智能能力。

来自人工智能专家吴恩达（Andrew Ng）的提醒：

互联网时代：商场 + 网站 ≠ 互联网公司

人工智能时代：公司 + 机器学习 ≠ 人工智能公司

01

试点立项 / 证明价值

寻找足够明确的应用场景，建立试点项目，制定可量化的业务指标证明试点项目的价值。

02

数据技术 / 传递价值

组建由数据（业务）和 AI 团队（技术）构成的最小设计人工智能团队。项目负责人宣导、传递项目价值。

来源：Andrew Ng, AI Transformation Playbook / Susan Ren（联合利华）/

- **对人工智能充分理解**：人工智能开发与软件开发不同，算法需要大量数据训练和优化。
- **坚定的战略方向**：需要相信人工智能赋能的未来，因此公司的战略方向要坚定！

03

建立产品 / 放大价值

迭代产品，优化用户体验，在真实商业场景中进行运用，形成数据的网络效应，极大地放大项目价值。

04

建立战略 / 宣传价值

建立设计人工智能的相关战略，对内外宣导价值，帮助企业获得行业竞争力和业务增长。

designNET：平面设计的数据集

数据是设计人工智能最大的难点，我们将会上线一个平面设计的数据集 designNET，希望其对于平面设计的价值就像 imageNET 对于图像识别的价值那样，也希望获得更多的人支持。

图像识别

孩子

脸

楼房

狮子

点心

筷子

人物

……

平面设计识别

规范

字体、内容

风格

手绘风格

情感

热闹氛围

颜色

imageNET

designNET

来源：Tezign.EYE 特赞

designNET 数据集包括:

- 自动标记的 10 万个平面设计素材数据，包括规范、风格、情感、颜色等属性；
- 2 万个手动标注的平面设计素材数据，包括:设计框架、显著性、平衡性等属性。

数据集将于2019年中上线，下载地址

http://design-net.org

[designNET]

无限想象力的反思

REFLECTION & IMAGINATION

- 通过模式的汇聚，形成新的设计师范式 CHTS（C：创意 × H：人文 × T：技术 × S：系统）。新的设计疆域在数据、算法、智能中出现。
- 人工智能的专业、实验室、课程在全球知名的设计学院中不断涌现。设计人工智能将改变应用型本科、高职高专的教学结构。
- 人工智能引发对设计著作权和知识产权的新的讨论。
- 人工智能是否能够帮我们更好地设计系统、设计转型、设计社会？
- 几时机器才能够有情感与想象？

模式的汇聚

创意、技术、人文、系统是人工智能时代设计师需要具有的四个支柱性能力，并会逐渐汇聚在一起。通过创意，表达人的想象力；通过技术，有规模地解决问题；通过人文，代入参与感和同理心；通过系统，理解非预期的结果。

模式的汇聚 / CONVERGENCE OF MODELS

20 世纪 80 年代，尼葛洛庞帝认为未来的运算就是模式的汇聚（出版 + 广播 + 运算）： 1. 所有的媒体都会变为数字化；2. 数字化的过程会产生新的机遇和颠覆性的生意； 3. 一旦边界变得越来越模糊，就会产生新的叙述方式和生产方式。

人工智能时代的设计师也是一样，C、T、H、S 四个维度的汇聚会重复 80 年代媒体汇聚的过程。让我们拭目以待，或者为其加速。

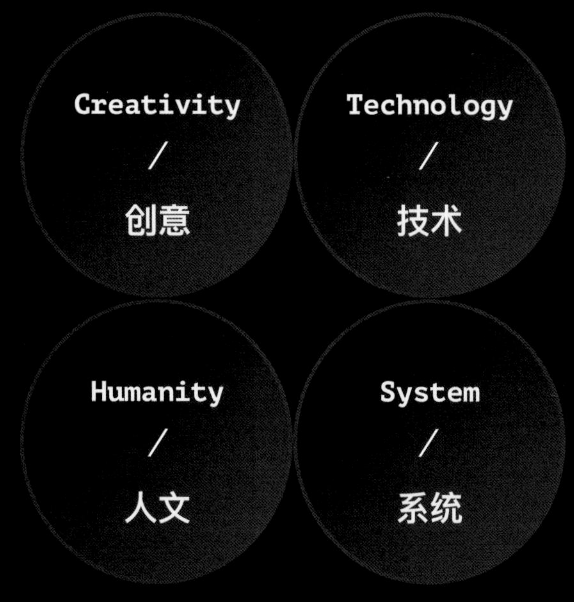

来源：Nicholas Negroponte，Being Digital / Ithiel de Sola Pool，Technologies of Freedom

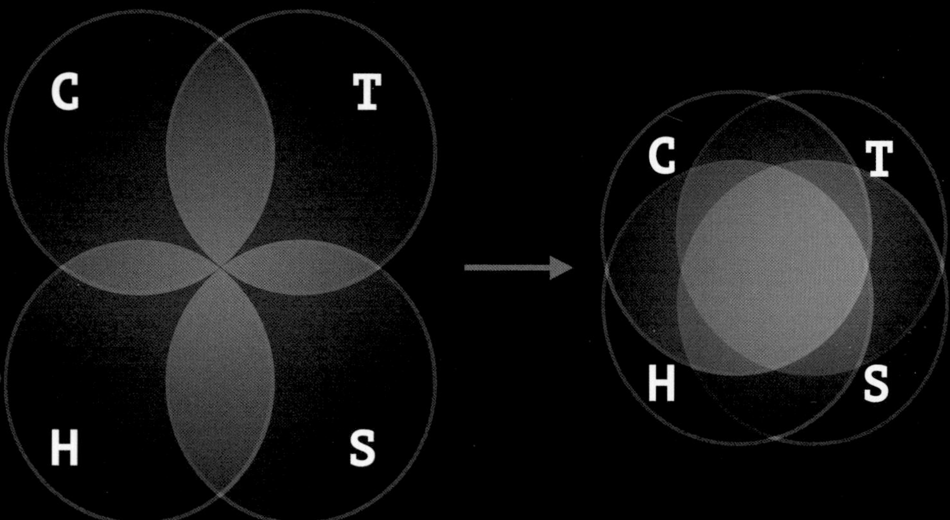
C
T
H
S
C
T
H
S

人工智能带来的设计研究新疆域

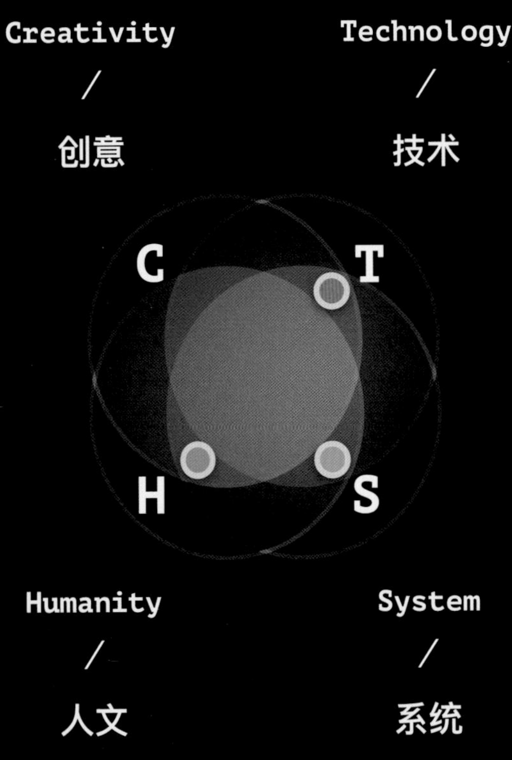

训练者 TRAINER

- **用户语言训练：**
  训练AI系统识别字面外的含义。
- **人机交互建模：**
  使机器模拟员工行为。
- **世界观训练：**
  培训人工智能系统，使其有全球视角

MIT MEDIA LAB

麻省理工媒体实验室：一个“反学科”的实验室

来源：**Accenture**, Process Reimagined / MITSloan Management View / **MIT Media Lab**

解释者 EXPLAINER

- **语境设计：**
  对机器解释业务语境。
- **算法透明度分析：**
  对AI算法的不同透明度进行分类。
- **AI战略部署：**
  确定是否为特定应用程序部署AI。

维护者 SUSTAINER

- **自动化伦理：**
  评估智能机器的正面和负面影响。
- **自动化经济：**
  评估机器性能不佳的成本。
- **机器关系：**
  促进好的算法，抑制差的算法。

设计……

物理体验 + 增强现实

设计……

物理 + 机器的接口和交互

设计……

数据模型 + 智能算法

设计……

社会 + 个体之间的接口

设计院校中的人工智能

很多知名的设计学院都在过去两年间增加了以“人工智能”“机器学习”“生产式对抗网络”等为题的课程、实验室和相关专业方向……我们会用设计院校中的人工智能课程这个共享文档不定期更新不同设计院校中的人工智能课程。

专 业

Design Engineering / 哈佛大学

ITP / 纽约大学

Design Computation / 麻省理工学院

人工智能与数据设计 / 同济大学

艺术与科技 / 中央美术学院

实验室

设计人工智能实验室 / 同济大学 + 特赞 .

智能设计与交互体验实验室 / 湖南大学 + 百度 .

IDEA Lab 智能、设计、体验与审美实验室 / 浙江大学 + 阿里巴巴 .

A.I. Design Lab / 香港理工大学 + 皇家艺术学院

来源：谭浩（湖南大学）/ 孙凌云（浙江大学）/ 设计院校中的人工智能课程

果 程

arnegie Mellon University

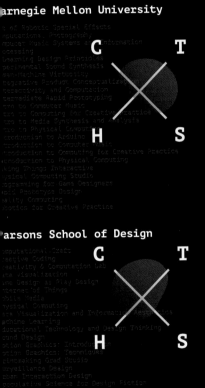

t of Robotic Special Effects
mputational Photography
mputer Music Systems and Information
ocessing
Learning Design Principles
perimental Sound Synthesis
man-Machine Virtuosity
tegrative Product Conceptualization
teractivity and Computation
termediate Rapid Prototyping
tro to Computer Music
tro to Computing for Creative Practice
tro to Media Synthesis and Analysis
tro to Physical Computing
troduction to Arduino
troduction to Computer Music
troduction to Computing for Creative Practice
troduction to Physical Computing
king Things Interactive
ysical Computing Studio
ogramming for Game Designers
pid Prototype Design
ality Computing
botics for Creative Practice

arsons School of Design

mputational Craft
eative Coding
eativity & Computation Lab
ata Visualization
ame Design as Play Design
nternet of Things
obile Media
hysical Computing
ata Visualization and Information Aesthetics
achine Learning
ducational Technology and Design Thinking
ound Design
otion Graphics: Introduction
otion Graphics: Techniques
rintmaking Grad Studio
urveillance Design
rban Interaction Design
peculative Science for Design Fiction
 Holistic User Experience
ew Media Art History
ntellectual Property in the Digital Age

Stanford University

Design Process
Design Leadership & Teamwork
Communication for Designers & Engineers
Needfinding & Stakeholder Empathy
Design Experiments
Smart Products
Prototyping
Programming
Business Considerations in Design
Design Impact
Independent Study: Outcomes & Artifacts
Internship Experience
Personal Reflection

The Hong Kong Polytechnic University

3D Computer Animation
Applied Design Psychology
Building Interactive Systems
Concept Art & Production Design
Game Development
Globalization in New Media Design and Technology
Independent Study
Innovative Multimedia Project Development
Interactive Multimedia Environments
Introduction to Sociable Robots
Marketing Management for Digital Entertainment
Production Processes in Multimedia and Entertainment
Prototyping and Scripting
Recovering Creativity
Reinventing Traditional Businesses Using New Media & The Internet
Social, Mobile and Internet
Sound Design and Technology
Story Development
Successful Project Management
Transformative Technologies
Virtual and Augmented Reality

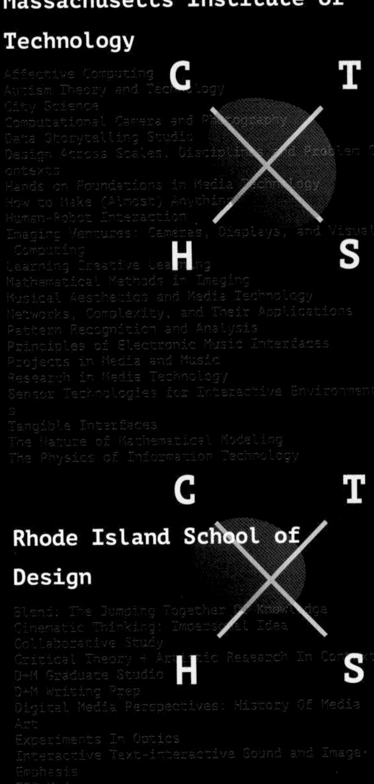

Massachusetts Institute of Technology

Affective Computing
Autism Theory and Technology
City Science
Computational Camera and Photography
Data Storytelling Studio
Design Across Scales, Disciplines and Problem Contexts
Hands on Foundations in Media Technology
How to Make (Almost) Anything
Human-Robot Interaction
Imaging Ventures: Cameras, Displays, and Visual Computing
Learning Creative Learning
Mathematical Methods in Imaging
Musical Aesthetics and Media Technology
Networks, Complexity, and Their Applications
Pattern Recognition and Analysis
Principles of Electronic Music Interfaces
Projects in Media and Music
Research in Media Technology
Sensor Technologies for Interactive Environments
Tangible Interfaces
The Nature of Mathematical Modeling
The Physics of Information Technology

Rhode Island School of Design

Blend: The Jumping Together Of Knowledge
Cinematic Thinking: Impersonal Idea
Collaborative Study
Critical Theory + Artistic Research In Context
D+M Graduate Studio
D+M Writing Prep
Digital Media Perspectives: History Of Media Art
Experiments In Optics
Interactive Text-interactive Sound and Image-Emphasis
ISP Major
Jack Of All Trades/master Of None
Performing The Commons

人工智能对应用型高校设计教育的影响

设计人工智能的机遇并不一定只在领先的设计院校。每年培养上百万设计从业者的应用型本科 / 高职高专院校，可能会率先被人工智能影响；反之，这些应用型院校的教师也可能在设计人工智能中发现新的发展机遇。

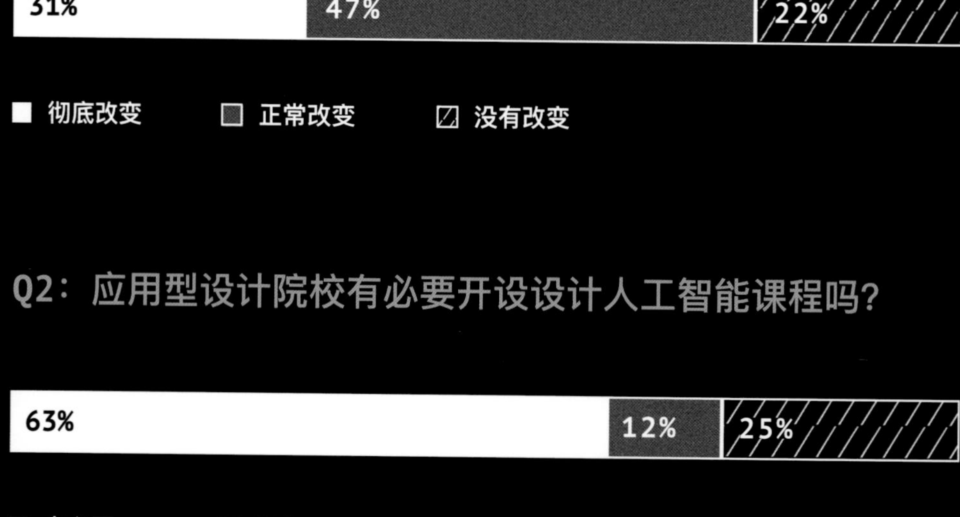

来源：范凯熹（中国美术学院）/ 郭清胜（工信部全国信息化工程师认证办公室）/ 高一方（上海建桥学院）

应用型本科及高职高专院校：

为设计行业输送大量实用型人才，如游戏行业的插画、场景、渲染岗位；互联网公司的网页设计、多媒体设计；广告、营销行业的营销内容、海报、照片、视频后期处理岗位；等等。

人工智能的设计知识产权问题

?

人工智能设计的作品知识产权归属如何确定?

“作品著作权遵从“工作成果”原则，应属于使用人工智能的人；著作权法并不保护“思想”，只保护对思想的“表达”，即设计结果。赋予作者著作权的最终目的不是为了奖励作者，而是为了鼓励创作。

郭锐
中国人民大学法学院副教授，哈佛大学法学博士

“谁家的鸡下的蛋归谁，即便机器人有独立创作的能力，作品权利归属也应该遵从“工作成果”原则，全部属于雇主。如果机器的权利所属比较复杂，比如共同所有、来自租赁，那么作品权利分配会复杂，但也都有法条和案例可循。

BENJAMIN QIU

?

人工智能学习受知识产权保护的设计作品是否侵权?

“不排斥人工智能学习设计作品体现的“思想”。但若人工智能抄袭了思想的“表达”，则法律后果大不相同，比如机器主动借鉴了其他受保护的设计，现有的“著作权合理使

设计人工智能的包容性

机器的智能来自算法和数据，这两者是否天然就存在不平等？生活水平相对较低的人是否数据足迹本来就不足？训练数据的采集是否存在天然的性别、年龄歧视？算法的逻辑本身是否存在天然的性别、年龄歧视？我们如何用算法和数据产生更有包容性的社会？以驱动社会转变为目的的设计，让我们需要思考人工智能时代有什么样的系统设计原则。我们从自上而下的立法角度，和自下而上的社会参与两个角度探讨系统设计、参与性设计、转变设计、可持续性设计等广义设计方向与人工智能发展之间的关系。

社会包容

观点 / 观察

- 社会设计的基层数据来源是难点
- 需要提升数据质量、数量、维度
- 基层人群数据读写是 AI 在社会发展场景下的关键

进行时……

- 低技术地域数据采集解决方案：离线、文盲、设备差
- 数据驱动的社会发展研究、预测、政策提案
  如：Premise Data
- 社会项目投资流程自动化
  如：Impact Learning
- 统一社会数据的标准和接口
  如：世界银行 ID4D 项目

来源：郭锐（中国人民大学） / 林达（Shanzhai City）

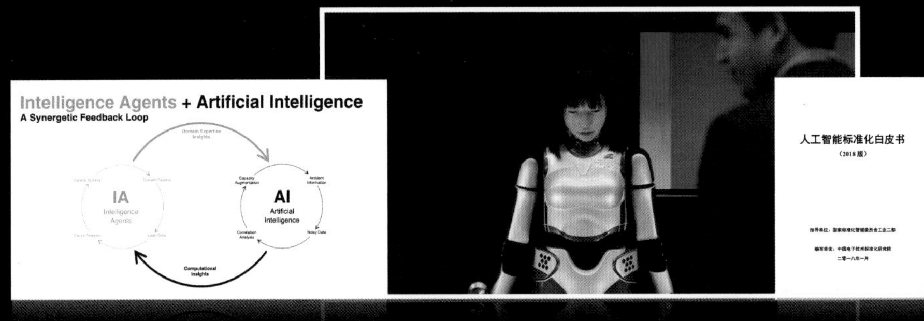

性别平等

人工智能三个发展最迅速应用都有明显男性倾向：

- 性爱机器人领域；
- 自动化武器系统；
- 女性声音的虚拟助手。

未来的机器很有可能是厌恶女性的(misogynistic)，暴力的或者卑屈的。

监管问责

人类利益原则 – 尊重 / 监管

即人工智能应以实现人类利益为终极目标。体现对人权的尊重、对人类和自然环境利益最大化以及降低技术风险和对社会的负面影响，让社会警惕人工智能技术被滥用的风险。

责任原则 – 透明 / 问责

即在技术开发和应用两方面都建立明确的责任体系，以便在技术层面可以对人工智能技术开发人员或部门问责，在应用层面可以建立合理的责任和赔偿体系，在技术开发方面应遵循透明度原则。

设计人工智能的EQ

情感区分人和机器，以下是 7 个关于人工智能想象力的追问。

01 AI的想象和人的想象怎样进行区分?

02 人希望加速还是抑制AI像人那样创造?

03 怎么做能加速或者抑制机器的创造?

04 有感情的机器的表现是否会更好?

05 AI可以对人的输入产生感觉吗?

06 我们的生活中谁/什么会被高EQ的AI取代?

07 我们怎么控制“取代”带来的社会不稳定性?

Theodore Twombly:
我从未像我爱你一样爱过其他人。
I've never loved anyone the way I loved you.

Samantha:
我也是，现在我们知道如何爱。
Me too. Now we know how.

图片来自于电影《Her》

来源：Li Jiaojiao / Leung Min Kin

“好的设计师与AI齐头并进，指导机器进行学习。数据永远不能完全取代设计，因为设计不总是理性和逻辑的。设计是自我生成的：通过不同的范式和方法，设计永远在尝试重新定义规则，重新制定价值和目标。

设计是文化，文化有两种：一种是小写“c”，即设计体现所有人的体验；另一种是大写“C”，即属于精英阶层的高等文化，具有时代精神，不断自我变革、自我生成、自我纠错，对抗一切单一价值系统。人类的“自我审视”，能够不断转变认知模式和价值观。人类有无数种能够以指数级速度去“适应、学习和预知”的方式，即使在怀着畏惧和野心创造人工智能的时候。

梁明

设计人文学者 / 设计人工智能实验室联合主任

设计人工智能的幸福感

人们在使用科技时会经历很多拖延症习惯，让人们进入集中注意力的状态非常困难。与此同时，人类的心智处理信息的能力非常低，注意力非常容易被分散。人们在做一件事情被打断以后需要 25 分钟才能回到之前投入的状态，为了弥补时间的损失，人们会加速工作速度，从而感到紧张与沮丧。

智能产品上瘾

通过形成“触发 → 行动 → 奖励 → 投入”循环，
打造“上瘾”产品，获得商业成功。

智能产品幸福感

让用户在使用智能产品时度过高质量的时间

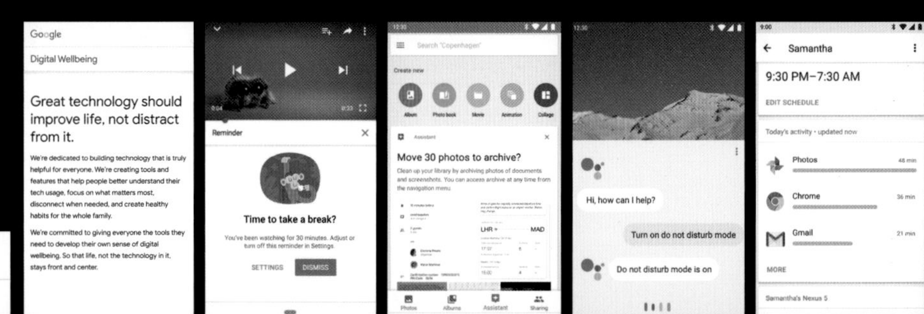

📍GOOGLE WELLBEING🔗

谷歌在建构智能产品时，关注技术服务生活，而不是技术为中心。以下是谷歌建立的让人关注数字幸福感的尝试：

- 机器学习识别数字产品的属性（生产力 vs. 分散注意力）
  让用户把注意力集中在重要事务上
  Gmail：分析邮件重要性

- 机器学习识别用户行为（提供有针对性辅助）
  让用户在必要的时候可以及时抽离
  Android Auto：开车干扰最小化

- 机器学习识别用户的模式（工作 vs. 休闲）
  让用户对智能产品用量有清晰认识
  Android Youtube：使用习惯报告

“想象力比知识更重要，
知识是有限的，想象力

阿尔伯特·爱因斯坦

以环绕整个世界。

范凌 作者简介

设计科技学者和互联网创业者，哈佛大学博士和普林斯顿大学硕士。现任同济大学设计人工智能实验室主任、博士生导师，特赞 Tezign.com 信息科技创始人，致力于通过科技赋能想象力。他是世界经济论坛全球青年领袖，阿斯彭学会中国会员，IEEE 延展智能委员会成员，2050 大会发起志愿者。